軍事学入門

別宮暖朗

筑摩書房

目次

第2章 世界戦争は何をもたらしたか

第3章　大戦争と小さな戦争

第4章　小さな戦争と非対称の戦争

第6章 戦争はなぜ起きるのか

第7章　戦争の勝敗はどう決まるか

第8章　武器の進歩で戦術はどう変化したか

軍事学入門

まえがき

一九世紀のヨーロッパ各国は、領土紛争などを戦争によって解決することは当然だと考えていました。戦争とはビジネスに近いもので、なるべく低いコスト（少ない戦死者、少ない費用、短い時間）で「勝利」し、敵に敗北感を与え、外交紛争について譲歩させることでした。相手国政府が責任をもって、たとえばデンマークとドイツの間にあるシュレスウィッヒ・ホルシュタインや独仏が争うアルザス・ロレーヌなどの狭い土地を譲る決心がつけば、それで十分でした。それがためには、一回の決戦で勝利することが肝《かん》要《よう》とされました。

当時の戦争で、勝敗を左右する要因は師団（一個歩兵師団は四個連隊、二万人を超える将兵をもつ）の数でした。予定戦場により多くの師団を配置できれば、会戦に勝利できると信じられていたのです。

そうすると、普通の人々は、平時における軍隊を巨大なものにすればよいと考えます。ところが、プロイセン（ドイツ）の参謀総長シャルンホルストとグナイゼナウ陸相は、別の結論＝短期現役制に達しました。プロイセンの国力では多数の常備兵力をもつことは不可能であり、戦争直前に民間人を集め、制服を着せ、多数の師団をつくりあげればよい、と考えたのです。

このため二年間程度、男子国民全員（病人や大学生を除く）を兵営に入れ、訓練を施しました。除隊後は予備役となり、一旦緩急《いったんかんきゅう》の事態があれば、動員令によって召集されます。

予備役年限八年とすれば、平時二〇万人の軍隊を、総動員によって一〇〇万人近くに増強することができます。短期現役制を基礎とした徴兵制にもとづく軍隊がマス・アーミー（大衆軍）やグランダルメー（大陸軍）と呼ばれるもので、第一次大戦までのヨーロッパ各国の軍隊の素顔でした。ただし、イギリスには徴兵制がなく、日本やアメリカは選抜徴兵制（男子の一部しか入営《にゅうえい》の必要がない）ですので、このマス・アーミーは戦時急造でしかありません。

一九一四年に勃発した第一次大戦は、このマス・アーミー同士が激突したもので、塹壕《ざんごう》戦となり、また四年三カ月にも及ぶ長期戦となりました。これは陰惨な戦いで、ヨーロッパ国民の八六〇万人が戦死しました。これでは、戦争がビジネスというわけにはいきません。領土だろうが「金」だろうが、このような大量の死者への言い訳にはなりません。講和条約であるヴェルサイユ条約の目的は、「戦争を引き起こしたドイツを二度と立てなくさせる」ことでした。

ドイツには天文学的な賠償金が課せられ、徴兵制は禁止され、再軍備は厳しく制限されました。ところが、第一次大戦で大きな惨禍をこうむったのは、勝利した連合国ばかりでなくドイツも同じであり、ドイツ国民はヴェルサイユの審決《しんけつ》に納得がいきませんでしたが、マス・アーミーを再度組織して大被害を覚悟してまで再戦を挑むことには、やはり消極的だったのです。

しかしプロフェッショナル・アーミー、すなわち少数の専門的な、よく訓練された軍隊はマス・アーミーに勝利できるのではないか、そうすれば自国民の損失を最小限にすることができるのではないか、と密かに考えた男がいました。それがヒトラーです。

ヒトラーは、プロフェッショナル・アーミーの中核として機甲師団を創設し、「塹壕戦とせずに敵野戦軍を包囲殲滅できる」と考えました。第二次大戦のフランス戦でこれは大成功を収め、電撃戦と呼ばれ、伝説となりました。ヒトラーの軍隊は、わずか三万人の戦死者で、その二二年前、一八〇万人の戦死者を出しても踏み越えることができなかった西部戦線を突破、一カ月半でパリを占領することに成功したのです。

ヒトラーはこの成功により、「外交紛争は戦争によってのみ解決できる」と確信したに違いありません。次にバルバロッサ作戦を発動し、ソ連を侵略しました。ソ連は帝政ロシアの伝統を引き継いだマス・アーミーの国です。ヒトラーのプロフェッショナル・アーミーは敵を求め奥深く侵攻しましたが、マス・アーミーのソ連赤軍は湧くように出てくるわけです。ソ連の人口はドイツの三倍ありました。

独ソ戦は第一次大戦を上回る陰惨なものとなりました。国民に平時と変わらない安逸な生活を与えれば戦争も合理化されるというヒトラーの考え方は、成立しませんでした。敵国があまりに強大であれば、自らも敵と同様にしなければ勝てないのは自明です。

軍事（戦争）と外交（平和）は交互に現れるわけですが、軍事力（軍隊）が外交を保障しているのもまた事実です。ドイツが再度立ち上がったことは、旧連合国の軍事力に欠陥があったことを示します。

たしかに平和を保障するための軍事力（軍隊）が暴走し、クーデターや下級司令官による私戦を起こすことがあるのも事実です。けれども暴走や戦争を引き起こすこと（侵略）には、相当の理由があります。まず、それを知らねば、外交（平和）についての理解も不可能です。


この本は一九世紀以降の戦史を例にあげながら、軍事と外交の関係について論じたものです。戦争原因の解明とは、作戦計画発動の理由を問うことです。そして多くの場合、君主・政治家・外交官・軍人も「これで戦争に勝てる」と思うか、「これをやらなければ逆に戦争を仕掛けられて負ける」と思って、作戦計画を発動させます。

ところが、この単純な事実を、現在の大半のジャーナリストや古いタイプの政治家はなかなか認めません。これを認めれば、「絶対（念仏）平和主義」「非武装中立」「軍縮」「宥和《ゆうわ》外交」などの論旨が崩れるからです。

しかし、このような理想主義は、平和に役立つものではありません。なぜならば、「自国を弱くみせる」「外交的譲歩」「テロを受けても何もすべきでない」という立場は「イージープレイ」、すなわち「簡単な餌食」そのものだからです。イージープレイが犯罪を誘発するように、こういった立場は戦争やテロを自国に招きよせます。この本の中でそのような例がどこにあるか、発見できるでしょう。

歴史の理解が、外交についての見方や戦争についての見方を左右するのは当然です。資本家が戦争を引き起こすと教えられれば、「資本主義」は悪いものだと普通考えます。これまで、戦後の「日本史」教育について、数多くの問題点が指摘されてきました。しかし「世界史」教育も同様に歪んでいます。現在の「公教育」は事実すら正確に描写せず、また古いタイプのイデオロギーに引きずられています。この本によって、新しい世界史を確立する一助になれば、と思います。

第1章　戦争が始まる時

1　戦争はどのように始まるか

戦争は、敵兵や敵機が国境を越えて始まります。これは当たり前に聞こえるかもしれませんが、実際に起きると、どこの国の国民、政治家、そして軍人も動転してしまうものです。戦争とは極めて異常な出来事で、軍人といえども、あまり体験できることではありません。

この敵軍が国境を越えるなり上陸するという事態を、日本人はあまり経験していません。日本は珍しい国で、外国との戦争をほとんど国外で戦ってきました。例外は、元寇（一二七四、一二八一）と第二次大戦における沖縄戦（一九四五）にすぎず、しかも両方とも、陸戦が日本の中心部に及ぶことがありませんでした。

昔からある国のなかでは、イギリスも同様で、フランスのノルマンディを領有していたウィリアム一世によりイングランド全域を占領（一〇六六、ノルマン王征服）されて以来、外国の正規軍兵士に上陸されたことはありません。日本やイギリスが比較的安全だったのは島国のためでしょう。日本人は大陸と隔てる玄界灘に感謝するべきかもしれません。

戦争とは普通、陸戦が中心で、海戦（艦隊決戦と通商破壊戦の二通りがあります）は二義的なものとなります。第一次大戦でも第二次大戦でも、フランス人は繰り返し、同盟を組んだイギリス人に、「ナポレオンはトラファルガー海戦（一八〇五）で滅亡したのではない。ワーテルロー会戦（一八一五）で滅亡したのだ」と語りました。そういうことによって、より大規模な陸兵の大陸派遣をイギリスに要請したのです。たしかに、ナポレオンはイギリスに上陸しようとしてトラファルガー海戦に惨敗し、果たせませんでした。それだからといって、痛烈な打撃を受けたわけではありません。海戦に勝利して制海権を得、また圧倒的な空軍力によって制空権を得たとしても、地上にある国家のさまざまな機能や軍事力を壊滅させることはできません。

多くの戦争の勝利は相手の芝生を踏む、すなわち首都を含む敵国の領土を占領するか、敵の軍隊（とりわけ重要なのが、戦場にいる野戦軍といわれる軍隊）を殲滅《せんめつ》することによって達成されてきました。戦争を仕掛ける国は当然それを狙います。

では、敵軍が国境を越える以外の様相で、戦争が始まることがあるでしょうか。例外は存在します。まず、外国に駐留する自国の軍隊が攻撃される場合があります。たとえば自衛隊が在日米軍を「真面目《まじめ》な規模」で攻撃したならば、これは戦争になります。当然のことながら、北朝鮮が在日米軍に「真面目な規模」で攻撃をかけても同じことになります。

外見はかなり異なりますが、領海（海岸線から三海里〈五・六キロ〉以内。一九五八年以降は一二海里以内）内であれ公海であれ、外国の航空機などから「真面目な規模」で自国艦隊が攻撃されても、戦争になるのは同じです。

それでは、「真面目な規模」の攻撃とは何でしょうか。それは戦争計画の一部をなす作戦計画にもとづいて攻撃を加えてきた場合です。たとえば国境警備隊が喧嘩して死者が出たところで、戦争にはほとんどつながりません。なぜかといえば、双方に作戦計画がなく、大規模な戦闘を起こすための兵員や装備を投入することがないためです。

一九世紀以降、戦争を担うのは、国家予算によって費用が負担され、国有財産によって装備され、国家の法律で組織・命令系統が決定されている軍隊、すなわち国軍です。国軍を動かすには、大量の役人に出張命令を出す以上に、大量の手続きが必要です。将校の人事発令をおこない、予備役に充員召集をかけ、装備を倉庫から搬出するには膨大なペーパーワークが必要で、それには前もっての計画が必須なのです。

一九世紀になり、国軍の規模が膨大になると、戦争計画を作成するための専門の部局としての参謀本部が列強の間で組織されました。近代戦争においては、参謀本部で作成された動員・集中・開進《かいしん》を含む「戦争計画」（War Plan）の発動をもって、戦争が開始されるのです。

2　「宣戦布告」なしの開戦は合法か

アメリカ南北戦争（一八六一〜六五）以降、規模が大きく、またその後の社会に重大な影響を与える「戦争」は国家間の戦争となり、内乱や革命は大きな位置を占めなくなりました。とりわけ第一次大戦（一九一四〜一八）と第二次大戦（一九三九〜四五）は、その後の世界を決定しました。

よく、ロシア一〇月革命（一九一七）の成功によるボリシェビキ（ロシア社会民主党多数派。レーニンが指導した）の政権奪取や、ドイツにおけるヒトラー政権の成立（一九三三）によって世界が変わったといわれることがありますが、この二つの政権成立事情も考えねばなりません。じつは第一次大戦が、これらの事件の引き金を引いたのであって、その逆ではないのです。

これはフランス大革命（一七八九）とナポレオン戦争（一七九九〜一八一五）の関係と正反対です。すなわち一九世紀に入り、何かが変わったのです。したがってこの本では、原則としてアメリカ南北戦争以降の国家間の戦争を中心に取り扱うことにします。

それでは当時、ある国家が、外交紛争を解決するために事前警告なしで、すなわち予告期間付き開戦通知（戦争宣言）や最後通牒なしに先制攻撃をかけることは、国際法上は合法とされていたのでしょうか。答えは「イエス」であり、合法でした。一九世紀を通して、戦争によって外交紛争を解決することは了解されていたばかりでなく、しばしば開戦通知や最後通牒なく他国を攻撃するということが起きました。

丁普戦争（VS.デンマーク。一八六四）、普墺戦争（一八六六）では、プロイセンは国交断絶ののち一〇日後に国境を突破しました。イタリア統一戦争（オーストリアとフランス・サルディニア間の戦争。一八五九）では、オーストリアは最後通牒交付後、同じく一〇日してサルディニア（王政イタリアの前身）領内に侵攻しました。

大半のケースにおいて「国交断絶」のみで戦争が開始され、「戦争宣言」が入る事前警告としては最後通牒の交付が一般的でした。日本人の多くが誤解していますが、宣戦布告とは交戦相手国に伝えることが主たる目的ではなく、自国民に訴えること、および中立国に伝えることに主眼がおかれます。

すなわち、最後通牒の期限が切れ、"We are at war with Germany."（我々はドイツと戦争状態にある）と戦争状態にたちいたったことを、ラジオや外国通信社を通して国民や中立国に告げるものです。

宣戦布告には開戦通知を含む場合と含まない場合がありますが、前者の場合、予告期間がなければ事前警告としての意味はなくなります。最後通牒の期限切れののち宣戦布告をするのであれば、それは純然たる国内手続きとなります。

一九世紀において、戦争の直前における外交の破局は国交断絶であり、それ以降、ほぼ自動的に当事国は戦争準備に入りました。両国のうちどちらか（普通は国交断絶を通知した側）の「作戦計画」が動き出し、軍隊が国境を越え、戦争が実際に勃発することになったのです。

それでは、敵軍隊に国境を越えられた側は奇襲（"surprise attack"）。無警戒の相手を攻撃すること）をうけた状態となり、大混乱したでしょうか。答えは「ノー」です。一九世紀においては、奇襲開戦は成立しませんでした。なぜならば、先制攻撃をかける側は陸軍を動員せねばならず、市町村の役場に予備役への充員召集の張り紙を出す必要がありました。このようなことをすれば、相手国はたちどころに察知し、国交断絶や最後通牒を受けなくとも、敵の先制攻撃を知ることができました。

ところが、第一次大戦以後の事態は全く違います。なぜかといえば、準戦時体制と称して、陸軍を常時動員体制におくことが流行するようになったためです。動員を相手国への脅し、すなわち外交手段としたのです。戦間期においては、列強のうち独・伊・ソの三国は一九三九年初頭に、日本およびアメリカは一九四一年六月から七月にかけて、準戦時体制（＝陸軍の一部動員開始）に入りました。

双方が準戦時体制となれば、当然警戒体制も強まるのですが、第二次大戦では奇襲開戦が一般的となり、しかもそのいずれもが成功しました。これはいかなる事情によるのでしょうか。

3 奇襲開戦はなぜ成功するのか

第二次大戦はさまざまな戦争の集合体です。第一の戦争（一九三九年九月）はドイツとポーランドの間で開始されました。第二の戦争（一九四〇年五月）はドイツとイギリス・フランスの間、第三の戦争（一九四一年六月）はドイツとソ連の間、第四の戦争（一九四一年一二月）は日本とアメリカ・イギリスの間で発生しました。一九四〇年五月を除いて、すべて奇襲開戦の方法がとられました。

このうち第三の、独ソ戦開始が最も奇妙といえます。一九四一年六月二二日、ヒトラーはバルバロッサ作戦計画を発動し、ほぼ三線の作戦軸をもって、無警告のまま、一一個の機甲師団を先頭に立ててソ連に侵入しました。完全な奇襲が達成され、国境線付近にいたソ連軍は壊滅しました。

ところがバルバロッサ作戦計画とは全く内実がなく、その次の段階の作戦計画が含まれていませんでした。これはプロイセンの時期も含めて、ドイツ参謀本部の事前作戦計画を重視するやり方とは完全に反しています。ヒトラーは作戦に介入し、南部ウクライナ方面に軍を進ませ、そこでも大成功をおさめ、その後、中央における前進を命令しました。

一一月、すなわち五カ月後、ドイツ軍はモスクワ前面、クレムリンを遠望できるところまで到着しました。けれども、電撃戦の基準に従えば、そこは二カ月後の九月までに到着しなければならない地点でした。一二月初旬、ヒトラーは自分の想定した戦争の展開にならなかったことを悟り、側近のヨードル総統本営作戦部長に「この戦争は負けだ」と語っています。それ以降の独ソ戦は、ヒトラーの予想通りといえましょう。

独ソ戦の緒戦には、奇襲成功や不完全な計画、ヒトラーの意図と、多くの謎がありますす。またスターリンの方が先制攻撃を準備し、ヒトラーは単にそれへの反撃のため先制を加えたにすぎないとするドイツ人もいます。これは侵略者の汚名を少しでも軽くしたいという願望にすぎません。ドイツ人のその願望を証明する史料は、現在に至るも存在しないのです。

ところが、スターリンが「ドイツ奇襲」情報を相当数（なんと八四件）受け取っていたことは、さまざまな史料で確認されています。つまり、スターリンは情報を得ていましたが「大丈夫、悪いようにはならない」という感覚で、ついに奇襲対策の指示を軍隊に与えることがなかったのです。

このありそうもない現象について初めて説明をなしたのは、シカゴ大学教授で近代戦争情報学の始祖であるウォルステッター（Wohlstetter）で、真珠湾攻撃の際のフランクリン・ルーズベルト大統領を例にして論証しました。

ウォルステッターによれば、指導者の得る情報には必ずノイズ（雑音）がかかります。近代国家では指導者に情報が上がる間、専門家による検討がおこなわれ、真実性や重要性についてチェックされます。ところが、この評価はほとんど的中しません。

そのうえ各専門家が情報を共有することが求められるため、矛盾する両論がでてきた場合、真実の情報の質も同時に劣ると判断されてしまうことが起きます。ウォルステッターモデルとは、一般に複数のソースによった場合、ノイズの介在を防ぐことは不可能だというものです。

情報とは、量が多くなるほど判断材料としての質は落ちてしまいます。スターリンは「ウォルステッターの罠」に落ちたと推定されます。同時に、多数の情報が上がったにもかかわらず、何もしなかったことをもって、「陰謀」だと騒いではいけないこともわかります。元情報部員やジャーナリストは、このモデルに賛成しません。全体と一部の関係がわからないためでしょう。

4　開戦の手続きを決めた国際条約

一九世紀、多く用いられた開戦手続きは、外交使節が相手国外相に面会し、パスポートを要求（つまり「帰国するぞ」と意思表示）し、国交断絶を通告することでした。そのうえで、返す刀で最後通牒を投げつけることもありました。

それでは、国際条約でこのような開戦手続きが明文化されていたのでしょうか。答えは「イエス」でもあり「ノー」でもあります。まず、第二回ハーグ万国平和会議（一九〇七）で開戦法規が決定されました。国際法上、開戦法規は、この一九〇七年から一九二八年のケロッグ＝ブリアン条約（パリ不戦条約）批准成立までの二一年間だけ確かに存在したんです。

なぜ第二回ハーグ万国平和会議で開戦法規が定められたかといえば、日露戦争が原因です。一九〇四年二月六日午後四時、栗野慎一郎駐ロシア公使はラムスドルフ外相にパスポートを要求しました。これは事実上の国交断絶＝開戦通知です。翌々日の八日の朝、ロシアではニコライ二世臨席のもと御前会議が開催され、陸海軍各部隊に次のような訓電を出すことが決められました。

「戦争は日本より開始せしめんことを希望す。……しかれども日本艦隊にしてその陸軍を伴うと否とを問わず、北緯三八度を超過すること有らば、卿は日本軍の砲撃をまつ事なく之を攻撃すべし。」

この訓電は、あとあとニコライ二世の認識の甘さを証明するものとしてロシア国内で問題となりました。すなわち、国交断絶を通知され、第一撃をうつか否かは外交上、比較考量されねばなりませんが、軍事上では、敵の先制攻撃による被害を最小限とする措置を講じる必要があります。

ところが、この訓電には、日本軍に先制攻撃をかけられた時に備え、警戒体制をとる指示が抜け落ちています。御前会議が外交および軍政畑の責任者で構成され、統帥部《とうすいぶ》すなわち軍令部と参謀本部の出席が求められなかったためです。

この時、日本とロシアはともに、陸軍は相当に距離をおいて布陣していました。日本の陸軍主力は本土にあったし、ロシア極東軍の主力はハルビン・遼陽間にあったのです。このため、もし戦争になったとしても陸戦が開始されるのは、当時の歩兵の行軍速度からみて一カ月はかかると予想されました。

ところが海戦は、互いの艦船が目視できるほど接近すれば、すぐさま起きることは自明です。ニコライ二世も当然この事実に気づいていましたが、ロシア巡洋艦が朝鮮領内の仁川《インチョン》にいるとは知らなかったようです。

二月八日、仁川港内において米・英・仏の軍艦の艦長は日本の国交断絶通知を知り、巻きこまれることを怖れ、ロシア巡洋艦ワリヤーグの艦長に即刻退去することを勧告しました。ところがワリヤーグの艦長は本国からいかなる訓令も受け取っておらず、港外に出るのを躊躇《ちゅうちょ》し、この勧告に従わなかったのです。そこに夕刻、日本の優勢なる瓜生艦隊が殺到し、翌朝「果たし状を投げたうえ」ワリヤーグに集中砲火を浴びせ、自沈を余儀なくさせました。

これが日露戦争の開始で、海上における衝突が発端となった珍しいケースといえます。日露戦争が終結したあとも、ニコライ二世の脳裏からこのワリヤーグ撃沈事件は離れませんでした。自ら提唱した第二回ハーグ万国平和会議で日本を名指しして非難することはなく、開戦法規を条約とすることを提案し、認められました。開戦法規によれば、戦争をしかける国は、

①期限付きの最後通牒（または予告期間のついた戦争宣言）を交付し、
②期限切れ後、外国通信社へ通報、某国と戦争状態にあることを国内外で発表し、
③先制攻撃する、

とされました。骨子は、先制攻撃する前に予告期間を設定すること、および中立国にも戦争開始の事実を通知することです。ただ、この開戦法規は長つづきせず、事実上廃止されることになりました。これはどのような事情によるのでしょうか。

5　開戦法規は守られたか

開戦法規では最後通牒の期限にとくに定めはありませんが、四八時間が一般的で、第一次大戦勃発（一九一四）の時、ドイツがベルギーに交付したものは一二時間にすぎませんでした。

これでは、もらった方は最後通牒を丸呑みするか、開戦準備をするほかありません。改めて最後通牒の条件緩和などの外交交渉をする余地はありません。実際には、軍隊を動員され、最後通牒を交付され、しかるのちにその内容を呑んだ国は一つもありません。ただ、考えてみてください。戦争を始めるにあたって予告期間を設け、相手に準備の時間を与えるというのは、ある種偽善の臭いがします。戦争とは殺し合いであり、開戦通知とは、これからお前たちを「殺すぞ」と宣言することなのです。

事実の経過としては、伊土戦争（一九一一、リビア戦争）、二つのバルカン戦争、第一次大戦では、この開戦法規は遵守されました。それ以降で、ケロッグ＝ブリアン条約以前の戦争、ハンガリー戦争（一九一九）、ソ連・ポーランド戦争（一九二〇～二一）、希土戦争（ギリシアVS.トルコ。一九一九）では遵守されず、第三次アフガン戦争（一九一九）ではアフガニスタンにより遵守されました。

開戦法規の偽善性を言葉のうえでうまく表現したのはヒトラーで、「最後通牒だの開戦通知だの、そのようなブルジョワ的手法に、我々国家社会主義者は従う必要はない」と、独ソ戦の開始であるバルバロッサ作戦発動の直後に語っています。

第二次大戦では、第一次大戦と異なり開戦法規は全く無視され、奇襲開戦の方法によったのは、すでに説明したところです。第二次大戦以降もほぼ同様であり、奇襲開戦が現在にいたるも一般的です。

たとえば朝鮮戦争の勃発時において、北朝鮮軍は何の前触れも示さず、鉄道で、徒歩で、戦車であらゆる方法をもって日曜日、暫定国境三八度線を越えました。北朝鮮軍は秘密裏に動員を完了させていたばかりでなく、国境付近への集中・開進も完了させていたのです。この時も、米韓軍は寝耳に水であったばかりでなく、敵軍がソウルに接近するまで、真面目に攻撃されたことがわかりませんでした。

このような変化は、先制攻撃を禁止したケロッグ＝ブリアン条約成立の影響にもよりますが、装備が一新されたことも有力な理由の一つです。第一次大戦まで、戦争で決定的だったのはボルトアクション式小銃を構えた歩兵でした。つまり、いかに大量に兵士を動員し、数多くの歩兵師団を最前線に展開させるかということが、緒戦における勝利の決定要因だったのです。

別の重要な要素は鉄道です。歩兵は線路のある駅と駅の間は時速五〇キロ以上で動けますが、いったん駅を降りれば、あとは徒歩のスピードである時速四キロでしか動けません。鉄道時代では、緒戦で敵野戦軍を始末する、すなわち包囲・殲滅することは著しく困難となりました。なぜならば、包囲・殲滅のために後方や両脇に回り込もうとしても、味方は徒歩でしか進めないにもかかわらず、敵は鉄道で逃げてしまうのです。

日露戦争の奉天会戦（一九〇五）で、日本軍はロシア満州軍に奉天駅から鉄道で逃げられ、捕捉に失敗しましたが、これは、それから起きる二〇世紀の戦争の前触れでした。さらに第二次大戦では、航空機で敵主力艦隊のほとんどすべてを撃滅し、あるいは集中して使用された戦車で国境線に沿って濃密《のうみつ》に張られた敵野戦軍の大部を突破し、包囲・殲滅することが可能となりました。奇襲開戦が起きたのは、これが理由の一つです。歩兵師団の数よりも、空母・航空機・戦車の集中使用が緒戦における作戦の鍵となったのです。

6　ケロッグ＝ブリアン条約が禁止した先制攻撃

第一次大戦が終了すると、世界各国で反戦平和運動が盛んになりました。第一次大戦は「すべての戦争を終わらせる戦争」(The War to end War) でなければならないとされ、それを具体化することがヨーロッパのあらゆる国民の希望となりました。

本来、第一次大戦の講和条約はヴェルサイユ条約ですが、ヨーロッパ諸国民の目に平和を保証するものとは映りませんでした。一つは、パリ講和会議の席に敗者のドイツが招かれなかったことです。次にヴェルサイユ条約は合計四四〇条、八万語に及ぶ煩瑣な商業契約書に似た格調の低い、アメリカ臭のするもので、諸国民の宥和《ゆうわ》に役立つと思えなかったのです。

ドイツ外相シュトレーゼマンは、この状況をとらえ、自由な意思でアルザスとロレーヌをフランスに返還し、独仏国境を恒久的なものと認め、さらに先制攻撃をしないと相互に約束しあうことを英仏に提案しました。本当のシュトレーゼマンの目論見《もくろみ》は、ヴェルサイユ条約を骨抜きとするため、旧連合国（英・米・仏・伊・日）のうち日米を除外してヨーロッパ諸国のみによる条約とし、さらにドイツ東部国境における自由行動を得ようとしたことにあります。

この提案を条約としたのがロカルノ条約（一九二五）で、「戦争を国策の手段（外交紛争解決の手段）としない」という条文が挿入されました。その意味は、先制攻撃すなわち第一撃をうつことを禁止したものです。つまり、第一撃をうたねば戦争は発生しませんから、独仏の再戦は不可能となります。条約の文面では、ヨーロッパ諸国民の平和への希望が具体化されたかのような体裁が整えられました。

この条文に着目したのがアメリカ国務長官ケロッグで、フランス外相ブリアンに、この条文をもって戦争禁止の国際条約をつくろうと提案しました。けれども実際のところ、西ヨーロッパ諸国はすでにロカルノ条約で「戦争禁止」を確約したのですから、他に重大な国は日本とソ連しかありません。

日本の特別全権大使の内田康哉《こうさい》が、この条約に署名しましたが、国内政局に巻き込まれ、批准は各国の間で最後となりました。ケロッグ＝ブリアン条約は日本の批准が遅れたため、一九二八年調印、一九二九年批准ということになったのです。この条約は現在でも有効であり、先制攻撃は禁止されると解釈されます。日本の現行憲法九条第一項もこれに則《のっと》っており、各国においてもこれに合わせて法整備しているのが普通です。

先制攻撃が禁止されると、先制攻撃の手続きを定めた開戦法規も廃止と考えられました。つまり最後通牒また宣戦布告という手続きは、集団安全保障にもとづく参戦（ドイツが日本の真珠湾攻撃をみて、三国同盟にもとづきアメリカに宣戦したような場合）を除いて空文化しました。

ところでロカルノ条約やケロッグ＝ブリアン条約は「戦争を国策としない、すなわち、外交紛争を戦争によって解決しないこと」を約束したものですが、戦争や国策が明確に定義されていませんでした。

この時、ドイツは一三二〇億金マルクに及ぶ戦争賠償金をフランスとベルギーに支払うことになっていましたが、その支払いを中止するとどうなるのでしょうか。中止を受けてフランスがドイツに攻め込んだとするならば、これは条約違反（＝侵略）でしょうか。こういった刻下の問題すら、ケロッグ＝ブリアン条約で解決案が示されていたわけではないのです。

7　あとで侵略したと非難されないために

侵略とは Aggression の日本語訳で、戦争や外交に関して使われる用語としては、作戦計画にもとづき第一撃をうつこと（＝先制攻撃）を意味します。

このような定義がなぜ必要になったかといえば、軍事条約締結の際の用語としてです。軍事条約のなかで重要な項目は、「もし同盟国の片一方が第三国（特定される場合もある）から攻撃を受けた場合、共同して戦争に入る」約束で、集団安全保障条項と呼ばれます。

この条項を批判する平和主義者もいますが、それがなければ小国は他国からの侵略＝先制攻撃から身を守ることができません。たとえば湾岸戦争でクウェートはサダム・フセインのイラクから侵略を受けましたが、もし地域大国のトルコ、イランまたは英米などと集団安全保障に入っていれば、戦争を未然に防げた可能性が強いのです。

集団安全保障条項は一見、簡単な項目のようにみえますが、そうではありません。現在ある日米安全保障条約では、日本がもし第三国から攻撃された場合、アメリカは日本の防衛のため参戦することを約束しています。

それでは日本の自衛隊が、北方領土奪還のためロシアを攻撃したらどうなるでしょうか。この場合、日本が攻撃したのですから、アメリカは参戦する義務を負いません。集団安全保障とは第三者からの侵略に対する共同防衛であって、自分から第一撃をうった際には適用されません。

国際法において、この「どちらが先に手を出したか」は重要な概念です。ところが、もし侵略戦争を企み、かつ同盟国を引きずり込もうとすれば、テロや履行《りこう》不可能な要求、閣僚などの人事干渉など極端な挑発をおこない、仮想敵をして第一撃をうたせることがあるかもしれません。この行為を防ぐため、集団安全保障条項には「挑発によらざる侵略」(Unprovoked Aggression) を受けた場合という一文を挿入し、さらに限定するのが一般的となりました。

このように、「侵略」とは軍事・外交用語として発展したもので、元来政治的な、または文学的な言葉ではありませんでした。ところがマルクス主義者は、この侵略についての定義を認めません。その理由は、マルクスの普仏戦争（一八七〇～七一）の評価が関連しています。

マルクスは普仏戦争を前半は、「ドイツ統一」を阻止しようとしたフランスの侵略戦争、後半をプロイセンの領土拡大を狙った侵略戦争だと決めつけました。マルクスにはドイツ国家主義者の面が色濃くありますから、「ドイツ統一」という「大義」を侵略戦争か否かの判断の要素として入れたわけです。これは公正な基準とはいえません。

国家の統一（国策）のため他国に攻め込み、他国の軍隊を殲滅する戦争を始めたら、それは侵略です。反対に、ある国家からの分離・独立を主張するための武力行使についても同様です。戦場がどこかということも、侵略か否かを決めることにはなりません。さらに戦争が終わり、領土が拡張したかどうかも関係なく、戦争の大義に「侵略行為」が含まれているかどうかも関係ありません。

8　先制攻撃され、しかも戦わずに屈服した国はあるか

この世界で国家間に国力格差があるのは当然であり、また大国と小国が隣接している場合があるのも現実です。この場合、小国は集団安全保障に依存するか、中立政策をと

ります。そして中立政策にも二通りあり、自ら中立を宣言するものと、他の大国に中立を保障してもらうものとがあります。

他国による中立保障は大国同士が勝手に取り結ぶケースがあり、その場合、小国には通知もされません。有名なものとして、英露協商（一九〇七）によるペルシャ、アフガニスタン、チベットの中立保障があります。この三国とも英露協約の消滅（一九一七年、レーニンは一方的に条約を廃棄した）以降、ソ連または中国の侵略に遭い、チベットは中国によって消滅させられました（一九五二）。

ただ、中立政策をとったにせよ、他国からそれを強制されたにせよ、中立国は集団安全保障依存国よりも、強力な軍備をもつのが普通です。

二〇世紀に入り、侵略を受けて戦わず屈服した国は、第一次大戦のルクセンブルク、第二次大戦のデンマークがあげられます。両方のケースともドイツに侵略されたのですが、国力格差は圧倒的でした。

第一次大戦のルクセンブルクの場合、首相は自転車に乗ってドイツ・ルクセンブルク国境の橋まで行き、そこでドイツ軍の侵攻してきた部隊の将校に、一五〇年前に与えられた「中立保障」に係わる文書を読み上げたのですが、無視されます。それから、ほぼ二時間後には、君主であったマリー＝アデレイド大公妃がドイツ軍の監視下に置かれ事実上、軟禁されてしまいました。

第二次大戦のデンマークも、首都を空挺部隊によって急襲され、いきなり王宮を占領されてしまったのです。近衛兵は抵抗したのですが二名が戦死し、国王はすぐに捕えられてしまいました。

つまり、両方のケースとも王宮が急襲され、君主が捕われ、リーダー不在となってしまったのです。これでは戦いようがありません。

これと対照的なのは第一次大戦のベルギーで、ドイツにフランスへの無害通行（ドイツ軍の領内通過を妨害しないこと）を要求されたのですが一顧だにせず、はねつけました。この時、ベルギーのアルベール国王は、「野郎（ドイツのヴィルヘルム二世のこと）、俺を何だと思っているんだ。ベルギーは道じゃない。国だ」と叫び、国民に徹底抗戦を訴えました。

無害通行とは、緩衝国家が外国軍隊の通過を許し、戦場へアクセスできるようにすることです。一般にこの行為は戦場となった国家に対する侵略とみなされ、即時反撃を誘発します。

フランスからみれば、もしベルギーが無害通行を許したとすれば、ドイツの側に立ち参戦し、自国と戦争状態に入ることと同一です。武力をもって外国軍隊が入ることと集団安全保障にもとづいて外国軍隊を招請することは、逆さまほどに違うことなのです。

このように侵略を受け、抵抗をせず屈服することは、単に戦争反対や中立賛美などの抽象的文言で飾って合理化できることではありません。

日本社会党委員長石橋政嗣《まさつぐ》はかって、「降伏したって、よい時もある」（『非武装中立論』社会選書）と書きました。これほどの剝《む》き出しの敗北主義も珍しいといわねばなりません。なぜならば、戦わずして降伏したり無害通行を認めることは、第三国に対して戦争をしかけることになりかねないのです。かってのルクセンブルクもデンマークも、一応戦ったといえる形を残しています。おそらく石橋は、歴史も国際関係論も正面から見ることができなかった人物なのでしょう。

もう一つ例があります。シアヌーク国王時代、カンボジアは国土の東北部を北ベトナム軍に占領され、ホーチミン・トレイルとして利用されました。南ベトナムとアメリカは抗議しましたが、シアヌーク国王は自国の戦力に自信がなく、曖昧な態度を示しただけでした。

その後、カンボジアは軍部や共産党各派による内戦状態に陥り、最後はポルポト（クメール・ルージュと呼ばれたカンボジア共産党の書記局長）による自国民大量虐殺事件まで発生しました。国王が敗北主義や事大《じだい》主義にとらわれているようでは、国民がまとまって外敵にあたることは不可能です。それは国民の間に修復不可能な溝をつくることになります。

9　戦争の兆候をつかむ

一九世紀に入ると、ヨーロッパの大国は徴兵制による軍隊を組織しました。成年男子全員を対象として徴兵検査をおこない、そのうち一定数を義務として兵役につかせました。フランスが徴兵制度を始めた国で、大革命のあとジャコバン党が制度化しました。徴兵制度で組織された軍は別名マス・アーミー（Mass Army＝大衆軍）と呼ばれ、兵員規模で従来をはるかに超えるものになり、各国が追随しました。

徴兵制度の中でもっとも優れたものは短期現役制といわれるもので、プロイセンの陸軍兵站総監（＝参謀総長）シャルンホルストにより始められました。短期現役制の下では、健康な男子の全員を二〇歳になりしだい徴兵し、兵役訓練を二年間だけ施し、終了すると予備役に編入します。予備役の期間は七年から一七年ほどです。

こうした手段をとると、現役兵が二〇万人の軍隊（一世代一〇万人）で予備役年限が八年とすると、予備役を召集することにより、理論的には一挙に一〇〇万人の軍隊とすることが可能となります。

この反対が長期現役制と呼ばれるもので、徴兵検査により、たとえば対象年代の二割の二万人を選抜して徴兵し、ただし現役期間を一〇年とするものです。すると、現役兵二〇万人の軍隊ができます。短期現役制度と比較して現役期間が長いので、このように呼ばれるわけですが、同じく予備役年限を八年とし、予備役を召集しても三六万人の軍隊しかできません。しかも予備役は三〇歳代の老兵です。

普仏戦争（一八七〇〜七一）で、プロイセンは人口がフランスの半分だったにもかかわらず五割増の軍隊をもつことができ、フランスに圧勝しました。この後、イギリスを除くヨーロッパの大国――フランス、ロシア、オーストリアはいずれも、プロイセン流の短期現役制度を取り入れました。当時の軍隊の強さは、一にボルトアクション式小銃をもった歩兵の数にかかっていましたから、戦争に勝つには、まず予備役を召集し、動かせる師団の数を増加させることが課題となったのです。

そして、常備師団として平時に保有している師団も、予備役を召集することによって定員を充たすことが一般的となりました。なぜかといえば、歩兵や輜重兵《しちょうへい》を除く特殊兵科、たとえば通信兵や砲兵などは専門的な技能を必要とし、二年の訓練期間では簡単に養成できません。したがって、こういった兵科は常時充足させておき、戦時において、歩兵や輜重兵は充員召集で得られた予備役で充足させればよいことになります。

つまり動員とは、軍隊を平時編制から戦時編制に変えることを意味するようになりました。第一次世界大戦で実行された総動員とは、事前計画に従って新編師団（常備師団に加えて、新たに編成する師団。日本では、支那事変時、特設師団と呼ばれた）を含むすべての師団を戦時編制とすることです。ちなみに、日本はこの「総動員計画」をもったことがありません。英米も同様です。独・仏・伊・露・墺などのヨーロッパ大陸の諸国のみが総動員体制をもっていました。

戦間期、動員体制が変化し、一部師団を平時において戦時編制にしておくことが流行した、と前に書きましたが（二五頁参照）、このやり方は前進配備と呼ばれます。これは国境線近くの師団を戦時編制とする、または動員済み師団を国境付近に配置するため、そのように呼ばれました。

今でもこれをしている国は、北朝鮮、中国、インド、パキスタン、イランなどに限定されており、一触即発の危険性をもつ国ということができます。その他の国が戦争を始める時は、必ず新聞に動員、すなわち予備役召集のニュースが出ることになります。当然、自衛隊も同じです。

10　動員とはどういう事態か

戦争は片方の意志によって始まります。つまり一方が戦争計画にもとづいて先制攻撃をかけ、かけられた側は防戦につとめることになります。「動員」とは、戦争計画に従って部隊を戦時編制にすることです。ただ奇襲開戦の場合を除くと、先制攻撃をかけられた側も、動員を終了させるほどの時間的余裕が与えられます。

これまでは陸軍について説明しているのですが、海軍は全く違います。帝国海軍は呼び名も動員という言葉を使わず、「出師準備発動《すいしじゅんびはつどう》」といいました。海軍の主力装備である軍艦の水兵は常時充足されているのが原則であり、出師準備発動とは、休暇を取り消すことによって、半舷上陸中の水兵を戻し、基地兵力を予定配備まで高め、艦船を仮想敵にあわせた予定地に集結させることです。つまり、緊急時のマニュアルに従った行動といえなくはありません。当然のことながら、演習も可能です。

陸軍の動員は市民生活にも影響を与えます。普通に暮らしている市民（予備役）を、まず充員召集によって入営《にゆうえい》させねばなりません。充員召集令状は戦前は「赤紙《あかがみ》」と呼ばれたもので、年一回の点呼・訓練のため入営させる訓練召集令状と対をなすものです。

充員召集がかかった予備役は、当然その段階で戦争に参加することを悟ります。それとともに徴兵比率が低い国、または志願制をとる国（日・米・英）では、地元の人々が歓呼の声で送り出すのが普通です。ちなみに、日本の平時の徴兵比率（世代男子人口のうち現役入営者の比率）は二割以下で、徴兵制度の意義が疑われるほど低かったのです。徴兵比率の高いヨーロッパの大国――独・仏・露・墺の四カ国では、葉書きによって召集をかける時間もなく、役場などに「総動員下令」と張り紙が出るだけです。一九世紀後半、この四カ国は部分動員という選択肢をもたず、戦争計画は一種類、動員の方法は総動員しかありませんでした。

それ以降においても、自国領が侵略を受けた際、ワイマール期を除く（西）ドイツは一九八〇年代まで、フランスは一九九〇年代まで、ソ連＝ロシアは現在に至るも、部分動員の選択肢は残しましたが、総動員で対処することを原則としています。

一般に召集がかけられた予備役は、まず原連隊本部に出頭し、新たな所属大隊、中隊の申し渡しを受けます。そこで武器や制服が支給されます。ただ将校の場合、被服は自弁《べん》ですから、自宅から着ていかねばなりません。師団が定員に達した段階で、連隊ごとに集中予定地まで移動します。これを「集中」と呼びます。集中が終了した師団はさらに上位の単位――軍団、軍、方面軍に移行し、最終的に軍司令官が命令した野営施設に駐屯することになります。これを「開進」と呼びます。

開進の段階となると既存軍施設は普通使われず、主計将校が先行し、学校、ホテルなどを徴用し、野営施設とするのが普通です。徴発予定施設は戦争計画に含まれているのですが、破壊活動を防止するため事前に公表されることはありません。

第二次大戦直前に出現した自動車化部隊の登場以前、これらの移動はすべて鉄道でおこなわれました。ところが鉄道にはダイヤがあり、輸送能力はそれによって制約されてしまいます。オーストリアを除くドイツ・フランス・ロシアは、混乱を最低限にするため総動員下令に伴う鉄道ダイヤの変更をしませんでした。鉄道ダイヤは一種類ですから、自動的に戦争計画も一種類となってしまいました。

11 「戦争計画」と「作戦計画」の違い

戦争計画は動員・集中・開進までに限られ、作戦計画（国境を越え作戦をおこなう）を含まないのが普通です。いったん動員を始めると、開進までの流れを途中で止めることはできません。なぜならば、兵員は自国内の鉄道を動き回っています。これを中断することは、鉄道ダイヤを全部逆向きにすることで、そのようなことは不可能です。

第一次大戦勃発の直前、ドイツのヴィルヘルム二世はロシアのニコライ二世に総動員の取り消しを求めました。ニコライ二世は「技術的に不可能」だと答え、「それでも戦争を始める意図は全くない」と付け加えました。この電報のやりとりの四日後に大戦は勃発したのですが、総動員の占める位置の大きさがわかります。

この時、ヴィルヘルム二世は、ある予断をもっていました。つまり、ロシアの総動員計画に作戦計画が含まれていると疑っていないのです。

現代の多くの日本人も、動員計画に作戦計画が含まれるのは当然だと思っています。高校教科書などでも、一九三七年七月、盧溝橋《ろこうきょう》事件が発生し、日本政府が部分動員と出兵（集中・開進）を決定したことをもって、戦争をエスカレート（拡大）させたと書いています。これは誤りです。動員や開進がすなわち戦争を意味することはありません。ところが動員が自動的に戦争決意となる国が過去に存在したことがあり、それはプロイセン＝ドイツに他なりません。この方法を発明したのは、プロイセン参謀総長大モルトケ（第一次大戦のときの参謀総長は甥で、同姓同名であるため、区別して「大」がつけられる）です。

大モルトケは戦争をまるでビジネスのように考え、戦争「勝利」のために、あらゆるものを犠牲にせねばならないと考えました。そして動員計画から作戦計画まで、一気通貫《いっきつうかん》の事前戦争計画を参謀本部で立案すべきだとしたのです。

これだと、兵は動員がかかったあと、自動的に国境を越えていくことになります。問題は敵軍の出方であって、兵は動員がかかったあと、戦争が始まったあと、敵の開進情況をみてから、作戦計画を策案した方が的確だと考えるのが自然です。ところが大モルトケは、地形や敵軍の動員規模などにより、事前に予想が可能だと考えました。

大モルトケはこの方法によって、丁普《ていふ》戦争、普墺戦争、普仏戦争の三つの戦争を勝ち抜きました。大モルトケは普仏戦争の動員下令があった日、一人で参謀本部の大部屋の長椅子に寝転び、詩集を読んでいたといわれます。おそらく事前準備があまりにも完璧なので、当日にやることは何もないことを誇りたかったのでしょう。

しかし、この方法には重大な欠陥があります。ドイツ以外の諸国では、軍隊が動員から開進まで終了すると、主力部隊は国境付近に野営し、そこには監視塔が立てられ、鉄条網が張られ、塹壕が掘られ、地雷が埋められます。哨兵《しょうへい》は監視塔に上り、敵兵の動きを睨《にら》みつけることになるでしょう。君主や政治家はこの段階で、改めて軍隊に国境を越えさせるべきか否かを熟考することができます。ところがプロイセン＝ドイツ式では、動員がかかると兵は自動的に国境を越えてしまうことになり、戦争も自動的に始まってしまうのです。

12 「作戦計画」の目的は何か

大モルトケは仮想敵国を想定し、そこの軍制や地理を研究することにより、敵軍の行動を予想しようとしました。その時、大モルトケにはある仮説がありました。行動のイニシアチブはプロイセンにあることです。これは当然のことのようですが、大モルトケはいわば侵略者としてのプロイセンを自覚しており、侵略者であることにより戦争を常に優位に立って戦おうとしたのです。

これがドイツ軍事学の特徴であり、短期・即決主義が前提となっています。一八世紀のプロイセンは小国であり、七年戦争（一七五六〜六三）においてフリードリッヒ大王が奇跡の戦勝を遂げたからといって、それはロシアの情けにすがった勝ち方でもありました。大革命後の干渉戦争でも、ナポレオン戦争でも、フランスには全く歯が立ちませんでした。さらに、ドイツはヨーロッパ五大国（英・仏・独・墺・露）のうち最強ですが、そのうちの一つにすぎず、二つに連合されれば劣勢は明らかでした。

戦争が長期戦となると、戦局が悪化した国の滅亡をおそれ、新たな敵対国が出現することがあります。これはヨーロッパのような「ドングリの背比べ」のような諸国が対立していた場合、起きやすいといえます。

すなわちドイツは、戦いの途中で新たな敵国が生じることなく、仮想敵国に短期決戦で勝利せねばならなかったのです。このためドイツの事前作戦計画とは、常に敵野戦軍主力の位置を予想し、分進合撃（軍隊を分け、数線で目標に到達すること）の構えで、包囲戦を挑む形をとりました。

古来、戦争の勝利には三つの方法があります。野戦軍主力を殲滅すること、首都を占領すること、敵指導部を壊滅させることです。このいずれかによって、敵が敗北を自認すれば勝利したことになります。

このうち、敵野戦軍主力の殲滅が近代戦争における作戦目的となりました。理由は首都を陥落させたとしても、そこが補給の中心をなしていなければ意味がなく、重大な補給中心であれば敵野戦軍は必死の防衛戦を挑むことになるでしょう。もし野戦軍主力を殲滅できれば、首都にせよ補給中心（策源地とも呼ばれ、複数の場合もある）にせよ、占領は簡単なはずです。

最後の敵指導部の壊滅は、必ずしも決定的となるか否かは予断を許しません。なぜならば、交代して新しい指導部ができる可能性があることと、敵野戦軍が戦意を喪失しないことがあるからです。

一九世紀に成立した国民国家（一つの民族でできている国家）は、ある程度民主主義を導入するとともに、さまざまな自由を保証するなど、啓蒙主義に基礎をおいていました。こういった国の国軍は、昔の傭兵軍と異なり、しばしば最後の一兵まで戦うものです。野戦軍の兵士・将校は一般市民であり、「金銭」や「地位」に釣られることがありません。これがため、事前作戦計画だけでなく、長期戦と化した場合の作戦計画も、目的は敵野戦軍の殲滅におかれるのが普通です。

第2章

世界戦争は何をもたらしたか

13 二つの大戦が世界を変えた

二〇世紀前半の歴史を際立たせているのは、二つの世界戦争、第一次大戦と第二次大戦です。

現在、世界には国連加盟国が一九二（二〇〇六年二月）ありますが、北米・中南米を除く大部分の国は、この二つの世界戦争で国境を画定させたか、独立することになりました。それだけにとどまらず、この二つの戦争は人々の生活にも重大な影響を与えました。

第一次大戦以前、外国に行く人々はパスポートもビザ（入国査証）ももちませんでした。そして各国は、外国から来た人を入国審査したりせず、単に持ち込む品物を税関でチェックしただけでした。人々は所得税や相続税にあたるものを支払う必要がなく、国庫収入の大半は関税や間接税、固定資産税でまかなわれていました。

人々は国家の存在を警察・消防を通してしか感じることがなく、婦人参政権のある国もほとんどありませんでした。男子のみで構成された軍隊や警察・消防からは、国家はまるで男だけでできているようにみえました。まだ男の筋肉が機械にとって代わられていなかったのです。

第一次大戦の前、君主制でなく共和制をとっていた国は、北米・中南米を除けば、スイス、フランス、ポルトガル、中国しかありませんでした。第二次大戦後、君主制が残った国は数えることができるほどに減少しました。つまり、現代人が感じる国境の重み、国家の存在の大きさ、共和制などは、二つの世界戦争が生みだしたものです。

よく社会の仕組み、貧困、国民性などが戦争を引き起こすとまことしやかに語られますが、それは誤りです。戦争が社会の仕組みを変えたり、貧困を生んだり、国民性を形づくるのであって、その逆ではないのです。

すべての戦争に反対とひと括りにいわれることがありますが、世界戦争と小さな戦争とでは量と質の点で決定的に違い、これを同じものとして論じること自体、無意味だといわざるを得ません。まして真珠湾を攻撃することとイラクに派兵することを同列に論じてみたり、時代の逆戻りといったりすることは、あまりにも論拠を欠いています。

二つの世界大戦で合計五五〇〇万人が戦場で倒れました。この数字は、二〇世紀の他の戦争すべてを合わせた戦死者の合計よりも多いのです。ただ誤解してはならないのは、二つの大戦における被害が他の災害にくらべて大きかったわけではありません。

第一次大戦の全戦死者より、インドのインフルエンザ（スペイン風邪）死亡者の方が多く、第二次大戦のソ連の戦死者は、中国の「大躍進時代」の飢饉による餓死者より少なかったのです。世界戦争が与えたものの中で大きかったのは人々の心への影響でした。これとは違って小さな戦争は局地戦争であり、影響は大きくありません。

ちなみに、戦争で多く死ぬのは「弱い人々」ではなく「屈強な男子若者」です。日本ではこの逆の、「戦争ではいつも弱者が犠牲になる」などという意見をよく耳にしますが、交戦国の戦後の人口ピラミッドを見れば簡単に結論は出ます。

屈強な若者の大半は、愛する人々、愛する国土のことを考えながら死んでいったのです。もちろん、屈強な男子若者が戦死して一番打撃を受けるのは、大人の女性であることも事実です。彼らは、夫であり、子供であり、兄弟なのです。

14　第一次大戦の原因

第一次大戦の開戦原因ほど、歴史家の頭を悩ませるものはありません。これに匹敵する謎は、太平洋戦争（一九四一年一二月から始まった戦争）の場合だと思われます。注意すべきは、戦争が起きた原因と、戦争の大義は異なるということです。

サラエボ事件という名のテロが第一の引き金を引きました。現在、この事件はセルビア軍部の秘密結社「黒手組」が仕組んだと判明しています。事件の直後、皇太子をテロで失ったオーストリアは、セルビアが背後にあると確信し、激怒しましたが、すぐさま軍事措置または外交措置をとりませんでした。これが、かえって問題をこじらせました。もしオーストリアが直ちに軍事行動を起こせば、第一次大戦は起こらなかったに違いありません。

ある国から奇襲開戦されたりテロを受けた場合、したり顔に報復の愚を説く人物は常に存在します。しかし、すぐに反応せねば、かえって周辺諸国が誤解することはよく起きる現象です。慎重・冷静が常に正しいとは限りません。外国または外国人によるテロに遭遇したならば、国家は何かをしなければなりません。

オーストリアはこの間、ドイツの支援の確認や、ロシアとフランスの出方をみていたのですが、三週間たったあと、突然セルビアに最後通牒を投げつけ、回答が満たされないと知るや、すぐさま宣戦を布告しました。

これに対して、セルビアと友好関係（軍事同盟はない）にあったロシアは総動員でこたえました。この時、ロシアがなぜセルビアのためにこのような激烈な措置をとることを決意したかといえば、タイミングの遅れたことを、オーストリアのセルビアへの開戦は単にテロへの反撃だけではないと疑ったためです。

ところがロシアは動員を下令したものの、それはポーズだけで、戦争を始めるつもりはありませんでした。しかし、このロシアの総動員をみてドイツは何をしたか。なんと、中立国のベルギーに飛び込んだのです。これにより第一次大戦が始まりました。

この時、ドイツは露仏同盟への戦争計画として、シュリーフェンプランの一種類しかもちませんでした。シュリーフェンプランの骨子は、ドイツ軍は防衛の弱いベルギーにまず入り、そのままフランス＝ベルギー国境を突破してフランス野戦軍を四九日間で殲滅し、返す刀で東へ向かい、ロシア軍と対峙するというものです。

シュリーフェンプランはドイツ流ですから、総動員からベルギー侵攻・パリ占領・フランス野戦軍殲滅まで一気通貫でつながっています。そして、なぜはじめにフランスに向かうかといえば、ロシアとフランスの動員速度の差に根拠をおいたからでした。ロシアは国土が広大であり、かつ鉄道の発達が遅れているため、総動員完了まで四九日以上かかると予想したのです。シュリーフェンプランの根拠は、フランスとロシアの総動員の時間差にあったのです。

するとロシアが総動員を開始したならば、ドイツは同時に総動員を開始せねばなりません。そうせねばロシア総動員完了が、シュリーフェンプランのフランス戦終了期間の予想としての四九日（ドイツ総動員開始日より起算）より早まってしまうのです。四九日の間にロシア軍はドイツ東部国境を突破し、ベルリンに向かうことになるでしょう。

普通、戦争は外交的紛争を解決しようとして、一方が先制攻撃することによって始まります。ところが、当時のドイツは「ロシア総動員」というシグナルが発生すると、自動的にヨーロッパ戦争、すなわち露・仏を敵とする戦争を始めるようにできていたわけです。

第一次大戦は、学校で教えられているように熱帯植民地をめぐる三B政策・三C政策の対立とか、三国同盟と三国協商の対立など外交的要因で発生したものではなく、時間差を利用するシュリーフェンプランに内在する論理によって引き起こされたのです。つまり、戦争計画の暴発です。

15　第一次大戦と第二次大戦の関係

第一次大戦と第二次大戦のプレーヤーにほとんど差がありません。陣営を変えたのは日本とイタリアですが、イタリアは列強として数えられたり、数えられなかったりという地位にあります。日本という要素を除けば、第二次大戦は第一次大戦と敵味方は同じなのです。ヨーロッパにおける第二次大戦は、ドイツが英・仏・露（ソ連）に再戦を挑んだものに他なりません。

日本にとっては、第一次大戦における関与は大きいものではありませんが、その前の日露戦争は、まさに主体となりロシアと戦いました。つまり、ロシアとの敵対軸を中心に据えれば、第二次大戦における日本の位置も、第一次大戦の審決《しんけつ》に不満という点で、あるいは理解できるのかもしれません。

近衛文麿は第一次大戦直後すでに、日本は「もたざる国」だと書いています。ただ、近衛は正反対のこともいっており、当時の国民が「もたざる国」ゆえに国境の変更を求めるという膨張主義に賛同していたか、やや疑問が残ります。太平洋戦争の初期、東條内閣は「東亜新秩序」を呼号《こごう》しましたが、国民から膨張主義について十分賛同を得られなかったため、そうしたのではないでしょうか。

近衛は陸軍主流を追われた皇道派に近く、支那事変勃発後は陰に陽に陸軍に反対する立場をとりました。普通、軍人は戦争に消極的ですが、日本の陸軍の省部軍人も例外ではありません。近衛はそういった陸軍の態度に不満であり、日中の交渉による和平を一貫して妨害しました。

当時の新聞が、こういった人物を青年宰相だとしてもちあげたところに日本の悲劇がありました。これと反対の、交渉ではなく媚びる外交が再度、「謝罪外交」の形をとって孫の細川護熙《もりひろ》によりおこなわれました。「謝罪」や「蔣介石を相手にせず＝交渉拒否」ではない、肩に力の入らない外交が必要な時、日本史ではこういった人物がよく登場します。

国民も軍部も、日本が「もたざる国」だからドイツと同盟せねばならないと考えたのではなく、むしろ日露戦争の再戦、すなわち満州を南下してくる共産主義ソ連に警戒感が強かったのです。

ドイツがヴェルサイユ条約の国境条項の中で不満だったのは、西部国境のアルザス・ロレーヌの返還ではなく、西プロイセン（ダンツィヒとポーランド回廊）と下シュレージエンの喪失、つまり東部国境でした。

ヒトラーは東部国境問題を解決しようとしてポーランドに侵攻したのですが、集団安全保障国の英仏に予想外の参戦を受けました。その後、英仏をフランス戦で打倒したのですが、イギリスはそれでも予想外に継戦しました。

ドイツはバルバロッサ作戦を発動し、ソ連に侵攻しましたが、これの主たる意図はイギリスとの和平にあったと思われます。つまり、ヒトラーは戦前外交から、英仏の真の意図はドイツとソ連を戦わせ、両方を疲れさせることにあると信じ込んでいました。

独ソ戦勃発は、まさにイギリスの期待した通りの事態のはずでしたが、ヒトラーの予想を裏切り、イギリスはすぐさまソ連と戦時同盟を組み、しぶとく継戦しました。その直後、太平洋戦争が勃発したわけです。それ以後のことについては、七二～七五頁を参考にしてください。

16　二〇世紀を大きく変えたのはロシア革命か

第二次大戦の天王山は独ソ戦であり、ソ連が勝利しました。ソ連は一九一七年のロシア一〇月革命で誕生した国家で、二月革命によってロシア帝国の崩壊し、その後を受けた臨時政府をボリシェビキが打倒してできたものです。

ボリシェビズムの基礎は共産主義であり、別名マルクス＝レーニン主義と呼ばれます。マルクスが唱えた共産主義は、労働者階級が社会の指導的な階級となり、ブルジョワ階級は止揚《しよう》(aufheben)され、階級闘争はなくなる、したがって、国家もなくなるというものでした。

マルクスは『共産党宣言』で「万国の労働者、団結せよ」と説き、国家の区別なく労働者階級はまとまって行動すべきだ、すなわち国際主義を前面に出しました。レーニンやスターリンの指導するソ連は、この「労働者階級」を各国共産党の連合体だと読み替えました。ソ連共産党の指導のもと、コミンテルン（第三インターナショナル）を組織したのです。コミンテルンは全世界の共産党を網羅し、各国共産党をコミンテルン支部としました。戦前の日本共産党の正式名称は、コミンテルン日本支部でした。

とはいってもコミンテルン本部はモスクワにあり、活動資金もすべてソ連の国家財政により負担されていましたから、ソ連共産党の一部分でもありました。戦後の一九五五年ぐらいまで、コミンテルンは中国共産党を除く各国共産党の運動方針や人事をすべて掌握していました。これはイタリア共産党やフランス共産党にまで及んでおり、神通力が失われたのはフルシチョフによるスターリン批判と中ソ論争以降のことです。

ここまでの事実――ソ連による東欧支配、アジアにおける共産主義国家の成立――を並べると、世界に大きな影響を及ぼしたかにみえます。ところがフランス大革命（一七八九）と比較すると、一挙に色あせます。

フランス大革命の理念である「自由」「平等」は、その次の百年間にほとんど全世界、とりわけ工業先進国に伝播《でんぱ》しました。一般に「自由」「平等」はすべて、「あるかないか」の話です。しかし「民主」は、「程度問題」にすぎません。

自由・平等を達成するには、法治、身分制度の撤廃、私有財産保護（国家が私有財産を没収しない）、教育の機会均等を、ほぼ一瞬にして実現せねばなりません。それは非常に革命的なことですが、日本を例にとれば、明治二二年（一八八九）の憲法発布とともに一挙に実行されたわけです。これが近代化の原点であるに違いありません。

共産主義理念の普及は、これと比較すれば、はるかに力がありませんでした。すなわちソ連以外では、第二次大戦後のユーゴスラビア、中国、北朝鮮、ベトナム、キューバ以外には伝播しなかったのです。

このうちベトナムとキューバは「反米＝独立」が転化したもので、共産主義に魅力を感じて採用したものとは思えません。多分に一党独裁以外のメリットは感じなかったといえましょう。東ヨーロッパや北朝鮮はソ連の戦争の所産であって、自ら希望したとはいえません。残るユーゴスラビアと中国ですが、いずれも第二次大戦のあと政権を掌握しました。すなわち戦争の結果です。

こうしてみると、二〇世紀後半において共産主義理念が普及した、または受け入れられたというより、共産国家は世界戦争の後遺症と表現した方が適切でしょう。二つの世界戦争の傷が完全に癒《い》えた一九九二年、ソ連は共産主義をやめ、元のロシアに戻りました。残るアジアやセルビアの国家主義的共産政権の余命も長くないでしょう。

17　ヒトラーの国家社会主義とムッソリーニのファシズム

ヒトラーはＮＳＤＡＰ（国家社会主義ドイツ労働者党）の党首を一九二一年以来つづけ、事実上、国家社会主義運動を創始しました。国家主義と社会主義は相容れないと考えられてきたのは前項の通りです。マルクス＝レーニン主義は「万国の労働者が連帯する」ものと、ずっと信じられてきました。

ところが、この考え方は、生身の労働者と話せば、すぐ奇妙《きみょう》奇天烈《きてれつ》なものとわかります。たとえば、トヨタ自動車の工員は賃金交渉の時、使用者と対立するかもしれません。しかしトヨタの車が売れた方がよいと思う点では、使用者と共通の利害に立っています。トヨタ自動車という組織に属することによる共同性は確かに存在し、また日本国民という共同性も確かに存在するのです。反面、トヨタ自動車の工員と北朝鮮の労働者やイギリスの労働者との間に、利害の共通するものはあるでしょうか。

工業国で暮らす普通の人々にとり、○○国民や△△社員という共同意識は、外国の労働者へ感じる連帯意識より、はるかに重いものです。この単純な事実にマルクスもレーニンも気づきませんでした。

この、国民の共同意識に基礎をおくのが国家主義（＝国民主義）です。今では、世界のほとんどの国が、いろいろなやり方はあるにせよ、（国境を越える宗教団体、政治団体や部族、宗族などの利益ではなく）国益重視にもとづいて国家を運営しています。

ところが国家主義者であり、かつ暴力革命論者でもあったヒトラーは、密かにレーニン主義の別の重要な点、戦争経済原因論を取り入れました。レーニン主義の特徴は、『帝国主義論』にあります。詳細については後述（一六〇～一六二頁）しますが、その骨子は銀行家（マーチャントバンカー）が戦争を引き起こすという点です。

ヒトラーは、レーニンのいう銀行家はユダヤ人であると思いあたりました。政治運動のやり方についても、大幅にドイツ共産党（KPD）のものを取り入れました。ヒトラー運動の特徴は、党首は軍服を着て、SA（エス・アー＝突撃隊）といわれる褐色の制服を着た部隊を従えることです。KPDも全く同一で、党首は軍服を着て、「赤い戦線」と呼ばれる武装集団を率いていたのです。両者とも、政党は議員政党ではなく党員政党であり、派閥を認めませんでした。

NSDAPは運動の仕方としてはKPDと酷似しているうえ、政権をとったあとの国策による有効需要の創出、各種団体の組織化も、ソ連と似通った点がありました。子供の団体であるヒトラー＝ユーゲントが歌をうたい、首にネクタイやスカーフを巻きつけるところはソ連のピオネールとそっくりで、大学生に勤労奉仕を課し、野外活動を奨励するところも似ています。

この野外活動はワンダーフォーゲル運動として、今でも世界各地に残っています。チャーチルは、ヒトラー運動は共産主義の醜い子供だと説明しましたが、的確な表現でしょう。これに対してムッソリーニのファシズムには、そのような大衆運動（ポピュリズムまたはフェルキッシュ運動）の面はほとんどありません。

ムッソリーニは社会主義者だったことがありますが、伝統的なイタリアを否定していません。王制を残し、カトリック教会と妥協し、産業国有化はおくびにも出しませんでした。ムッソリーニは、「ファシズム運動とはイタリア人をイタリア国民につくりあげる運動だ」と言っています。これに対しヒトラーは、「国家はドイツ人のためにあるにすぎない」といって国家よりドイツ人を優先させ、帝政への復帰は考えることすらしませんでした。

すなわちヒトラーの国家社会主義は革命的であり、ムッソリーニのファシズムは復古的です。スターリンはコミンテルンを通して、ヒトラー運動について「国家社会主義」と呼称するのを禁止し、ファシズムと呼ぶよう一九三二年に命令しました。この結果、マルクス主義者は両者の違いを知ることができません。

18　世界大戦の戦死者より虐殺事件の死者の方が多い

第一次世界大戦終了から現在まで、世界は五回の大虐殺事件を経験しました。

①スターリンによる大粛清（一九三七〜三九）
②ヒトラー・ドイツによるホロコースト（一九四一〜四五）
③「大躍進」政策による飢饉（一九五九〜六〇）
④毛沢東によるプロレタリア文化大革命（一九六六〜七六）

⑤クメール・ルージュによるカンボジア大虐殺（一九七六～七八）

これらの事件はすべて社会主義者または国家社会主義者により引き起こされ、合計八〇〇〇万人以上が殺害されました。これには政治哲学的な理由があります。マルクスの主張の根源は唯物論《ゆいぶつろん》にあります。唯物論とは、人間は「美しいもの」「正しいこと」に感動して政治行動、すなわち投票したり、バリケードに立てこもったり、徴兵や納税を拒否したりするのではなく、「モノ」によって動かされるという考え方です。

モノによって動かされるとは、明日の給与や食事のみを念頭において人間は政治的行動をとるということです。共産主義者は人間の行動の多くが経済的利害、すなわち物欲・金銭欲によって支配されていると説明します。これは誤りです。人間は美しいもの、偉大なもの、正しいことに感動します。

貧富の差や窮乏などはテロや革命の原因ではなく、口実です。歴史上、テロリストや暴力革命家は金持ちか金に余裕のある人物が多いのです。九・一一同時多発テロを引き起こしたオサマ・ビンラディンは大金持ちの息子です。朝鮮動乱（一九五〇～五三）の時、吹田《すいた》事件などの武装蜂起を指導した日本共産党軍事委員長の志田重男は、神楽坂の料亭に流連《りゅうれん》していました。

唯物論を絶対とするマルクスは、資本主義は絶対的窮乏化に向かい、多くの人々は労働者階級に転落するとします。そうなれば暴力革命が発生し、資本家階級を止揚できると説きます。レーニンはこの「止揚」について、共産党こそ労働者階級の利害を代表する唯一の政党だから、共産党反対派を根絶することがその内容だとしました。

各国共産党では「止揚」が、このように反対派を打倒する、強いては（改心しないので）殺害すると解釈されるようになりました。これは大量殺人容認の思想であり、マルクス＝レーニン主義やその運動論をまねた社会主義によって大虐殺事件が引き起こされる原因となったのです。

では、なぜ何百万、何千万という人があまり抵抗もできずに殺害されてしまったのでしょうか。二〇世紀に入ってから、近代的軍隊が成立したことによります。民間人一万人であっても、ボルトアクション式小銃で装備された一個中隊二五〇人の若者に対抗することができないのです。

その前の時代、『戦争論』の著者であるクラウゼビッツは「人民戦争」、すなわちスポーツライフルで装備した個人が、二階の窓から下を行進する敵軍兵士を狙撃することを推奨しました。これは二〇世紀の榴弾砲《りゅうだんほう》の時代には通用しないのです。正規軍の側が真面目にこういったレジスタンス運動を粉砕する気になれば、榴弾砲でその家ごと射撃し破壊することができます。

民間人が自宅に保有できる程度の武器で戦うことは、正規軍が「そこまでしないだろう」という甘えに乗っているだけなのです。二〇世紀において、即興の組織で民間人が正規軍に立ち向かうことはできません。毛沢東は農村が都市を包囲すると、人民戦争の要諦《ようてい》を述べましたが、実際にやったことは違います。制服を着た紅軍が、国府軍の「寝返り」を計ることによって打倒したのです。農村根拠地にいた時は、国府軍にいつも追い立てられていたのです。

19 戦間期は第二次大戦後より戦争が少なかった

戦間期、すなわち一九一九年から一九三九年の間、戦争は激減しました。その中で、明らかに第一次大戦の後遺症とわかる戦争は四つ——ハンガリー戦争(一九一九)、第三次アフガン戦争(一九一九)、ソ連・ポーランド戦争(一九二〇~二一)、希土戦争(一九一九~二二)です。新しい戦争としては次の三つ——チャコ戦争(一九三二~三五)、第二次エチオピア戦争(一九三五~三六)、支那事変(一九三七~四五)です。つまり、七件しか発生していません。

これの他にフランスのルール進駐(一九二三)、第一次上海事変(一九三二)、ノモンハン事件(一九三九)は国家間の戦争とみなしてよいのですが、地域が限定的であり、交戦者双方が戦闘地域拡大について自制的なため、除外しました。この戦闘地域の自制というのは、一国内において、さらにその一部に限定するという意味です。

戦間期は、大国である日本、ソ連、イギリス、フランスが挑戦を受けていることにも特色があります。小国同士の戦争は、ハンガリー戦争とチャコ戦争の二つにすぎません。

それでは同じ二〇年間の、一九四五年から一九六五年の間はどうでしょうか。一万人以上の戦死者が出た戦争に限定しても、次のような多数の国家間の戦争が発生しています。（　）内は戦争が開始された年です。

インドシナ戦争（一九四六）、インド・パキスタン戦争（一九四七）、アラブ・イスラエル戦争（一九四八）、朝鮮動乱（一九五〇）、ブライミ戦争（一九五二）、キプロス戦争（一九五二）、金門島戦争（一九五四）、スエズ動乱（一九五六）、ハンガリー動乱（一九五六）、中緬《ちゆうめん》戦争（中国VS.ビルマ。一九五六）、チベット戦争（一九五六）、イエメン戦争（一九六二）、ベトナム戦争（一九六〇）、中印戦争（一九六二）、アルジェリア・モロッコ戦争（一九六三）、キプロス戦争（一九六三）、インドネシア・マレーシア戦争（一九六三）、オガデン紛争（一九六四）、チャド戦争（一九六五）。

つまり、主権国家同士の戦争だけで一九件発生しています。もちろん、分離＝独立主義者または統一主義者の引き起こした内乱、さらにクーデターを入れれば、戦争は数百件を数えます。

このうち大国（定義については八四〜八七頁参照）がからんだものは、インドシナ戦争（フランス対中国）、朝鮮動乱（米・英・仏対中国）、スエズ動乱（英・仏・イスラエル対エジプト）、ハンガリー動乱（ソ連対ハンガリー）、チャド戦争（チャド・仏対ナイジェリア・リビア・コンゴ）、ベトナム戦争（米・南ベトナム対中国・北ベトナム）と、六件あります。

一見してわかるように、「植民地独立」が戦争を招いていることがわかります。これは当然のことで、植民地は戦争を防止します。なぜならば、植民地間の戦争は宗主国同士の戦争につながります。ところが、宗主国は大国であることが多いですから、それは大戦争につながりかねません。さすがに、どの大国の指導者も、植民地間の国境線争論で戦争を始めるなど、国民に説明できることではありません。

付け加えれば、第二次大戦後の侵略者の大部分は共産主義国家とイスラム国家です。中でも中国が第一撃をうつ戦争が目立ちます。イスラム国家が侵略について疑問をもたない、または戦争を厭《いと》わないのは、その先制攻撃容認の宗教的教義からくるところが大きいのでしょう。

20　太平洋戦争はなぜ起きたか

第二次大戦の最終フェーズとしての太平洋戦争は、同時にヨーロッパ戦争を世界戦争へと転換させました。これより前から支那事変がスタートしていたわけですが、第二次大戦の開始が一九三七年の八月、すなわち蔣介石が上海租界を攻撃した時と説明する人間は少数です。太平洋戦争と支那事変とは別の戦争であって、陸軍がそれをつなげたいと考えたにすぎません。

太平洋戦争開始のきっかけは、一九四一年六月二二日のヒトラーのバルバロッサ作戦発動です。ヒトラーが共同でソ連を攻撃しようと日本に提案してきたのが、そもそもの発端です。陸軍はこれに沿うべく、ソ連との開戦を目的とした「関特演《かんとくえん》（ソ連を仮想敵とした動員の予行演習）」を実施しました。

海軍は、この対ソ攻撃案について猛反発し、対英米戦を主張しました。それまで対英戦は検討されていましたが、対米戦は海軍の独創です。独ソ戦については、ドイツの一方的かつ短期間の勝利を陸海軍とも疑いませんでした。

開戦原因を問うことは、作戦計画の発動理由を問うことです。太平洋戦争の場合、一九四一年九月六日の御前会議において、真珠湾奇襲を含む戦争計画の発動が事実上決定され、この戦争計画の中に作戦計画が含まれていました。しかも、集中・開進・作戦と連動していたのです。

この御前会議では、日米交渉が決裂した時、作戦計画（陸軍は南方作戦計画と呼んだ）

を発動するとなっていましたが、開進から作戦までの区切りは、はっきりしません。というのは戦争計画全体として、動員計画がなかったからです。

陸軍は「関特演」を、すでに八月までに完了させていました。陸軍としては動員した兵士を何もしないまま復員させるのは、みっともないことだという意識がありました。関特演で動員された部隊は計画に従って南方軍装に着替え、そして中国の港から続々とマラヤ、フィリピン、蘭印に向かう輸送船に乗船していったのです。

御前会議では昭和天皇の抵抗により、外交を主とすることも了解されました。作戦案自体は海軍軍令部総長永野修身《おさみ》が提案したもので、前日までに陸軍省部、外務省の根回しは終了していました。会議自体はお膳立てがすべてできあがっており、予定された発言者が根回し済みのものを朗読するに過ぎなかったのです。

動き出した戦争計画は、ある時点から止めることはできません。西太平洋上を進行中の機動部隊を止めることは、取り返しのつかない軍事・外交的失点となり、官僚組織が耐えられることではないのです。「日米交渉決裂」のシグナルが出たか否かの判断は日本側にありました。南方作戦計画は秘密裏に進行して行きましたが、一一月に入ると誰の目にも、もう止めることができないのは明らかでした。

そこに現れたのが「ハルノート」です。ハルノート自体は強い調子のものですが、最後通牒ではなく、交渉のたたき台にすぎません。事態の進行をもはや止められないとみた東郷茂徳《しげのり》外相は、ハルノートを「最後通牒」だとウソの上奏《じょうそう》をおこない、これが日米交渉決裂のシグナルとなり、本当に開戦が決定されました。

南方作戦計画はシュリーフェンプランに酷似しています。つまり、両方ともあるシグナルによって発動されてしまうのです。シュリーフェンプランの場合は「ロシア総動員」、そして南方作戦計画は「日米交渉決裂」です。

シュリーフェンプランがなぜ失敗したかといえば、ベルギーの中立を侵犯したことにより、イギリスが参戦したからです。太平洋戦争がなぜ日本の敗北に終わったかといえば、戦う必要のない相手であるアメリカに奇襲開戦を挑んだからです。両方とも計画に内在する論理で始まることは共通しているのですが、戦後になっても、シグナルが戦争を引き起こしたと当事者が主張することも共通しています。

21　二つの世界大戦が解決したこと

第一次大戦はシュリーフェンプランの暴走によって始まったものです。同様に太平洋戦争は、真珠湾攻撃を含む南方作戦計画が暴走したものです。両方ともドイツ参謀本部および日本の海軍軍令部という巨大軍事組織があったことも、こういった暴走の背景にあります。

ポーランド侵攻と独ソ戦の開始は、組織でなくヒトラー一人の判断によって開始されています。一方、挑戦を受けた国は徹底的に戦い、占領地の民間人も抵抗をあきらめませんでした。

とりわけ第二次大戦のヨーロッパにおいて、イギリスは絶望的とも思える抗戦をおこないました。ヒトラーがフランスを打倒したあと、イギリスは過去二回の苦境であるナポレオン戦争と第一次大戦よりも厳しい情況にあったのです。

その時、ヨーロッパでイギリスを支持する国は、亡命政権を除いたポルトガルしかなかったのです。この圧倒的有利の中でも、ヒトラーまたはドイツが、ヨーロッパ諸国民の心の中を支配したわけではありません。

ナポレオン戦争の時、フランスは全ヨーロッパを支配しましたが、ヨーロッパ諸国民のうち、自由と平等を鼓吹《こすい》するナポレオンを支持する人々は結構いました。スターリンも第二次大戦後、東ヨーロッパを戦車の威力で支配下におきましたが、少数ながらも、共産主義ソ連への支持者はいたのです。

現在、ソ連型共産制は残っていませんが、ソ連や東ヨーロッパで旧共産党を支持する人々は今でも多いようです。ソ連型の共産主義では、衣食住にあたる費用はタダ同然です。もちろん衣食住すべて最低の品質であり、食にいたってはミルクとパンと砂糖だけという具合です。

しかし、なるべく働かず、小さな職権を振りかざして喜ぶというタイプの人や、ブロイラーのような生活で満足し、競争を嫌う人々にとり、共産主義は悪いものではありません。要は、パンは無料で与えられるからです。

ところが、第一次大戦におけるプロイセン式の行動様式も、ヒトラーの国家社会主義も、ドイツ人以外のヨーロッパ人に愛好されることはありませんでした。つまりドイツのヨーロッパ占領方針は、ドイツ国家主義の延長にすぎませんでした。

これと同様のことが、太平洋戦争時の日本統治下の東南アジアでも起きていました。神社をつくり、「八紘一宇《はっこういちう》」を主張して、どうして現地の人々が「日本」を理解できるでしょうか。つまり、両国とも広大な地域を支配しても、普遍的な思想のもとに統治したわけではなく、単に国家主義に基礎をおいただけでした。

このことはまた、日・独は普遍的な思想をもたずに、有力な同盟者ももたずに、軍事力だけでアジアまたはヨーロッパに覇権を創出できたということも意味します。英・米・露などが干渉しなければ、日独は両地域で軍事上、圧倒的でした。

第二次大戦後に至り、日本はアジアのリーダー（盟主）となることを断念し、ドイツもまたヨーロッパにおいて同様です。その意味で、二つの世界戦争は、日本によるアジア支配、そしてドイツによるヨーロッパ支配を、ほぼ永遠に阻止したということができるでしょう。

22 戦争の「大義」とは何か

近代戦争で戦争の大義は重要なものではありません。大義の主たる目的は自国民への説明です。かつて戦争の大義が極めて重要だったのは、内乱とりわけ群雄割拠・軍閥《ぐんばつ》戦争のような情況のなかで味方を集め、寝返りを誘いたかったからです。

こういった場合、大義たとえば「旧帝擁立《きゅうていようりつ》」などは、戦争勝利の支援材料になります。なぜなら軍閥の多くは、どの強い勢力につこうかと血眼《ちまなこ》になって検討しているためです。

ところが、一九世紀以降の国民国家の国軍は、部分にせよ裏切ることはありません。東條英機は『戦陣訓』の中に「投降禁止」を挿入しましたが、愚かなことでした。国軍は将棋の駒のように相手側に寝返り、敵側について戦うことは全くありません。したがって、自決するよりは敵側に投降した方が、敵の負担が増すことになります。

そのようなことで、近代戦争における大義とは一様に、「敵が攻撃してきた。防衛せねばならない」というものになりました。たとえば第一次大戦において、ドイツのヴィルヘルム二世がポツダム宮のバルコニーで読み上げた宣戦布告をみてみましょう。

「本日、ドイツに重大な時が迫った。敵は我々を妬《ねた》み、我々を余儀なく防衛戦争にかりたてようとしている。

剣をわが手に握ることが強制されつつある。私の最後の努力が敵をして正気に戻らせ、平和を維持することに成功することを希望するが、もし不調になった際は剣を使わねばならない。その時は神の加護によって名誉をもって再び元の鞘《さや》におさめることになるだろう。戦争はドイツ人民に多大の犠牲を払うことを要求する。

しかし我々は、ドイツを攻撃することが一体何を意味するのか、示さねばならない。神へ感謝を捧げようではないか。教会に行き神の前にひざまずき、われわれの勇敢な陸軍に神の加護があらんことを祈ろうではないか」

敵がドイツを妬《ねた》んで攻撃してくるので防衛戦争をする、というのが「大義」であり、ドイツ人以外の感情は全く考慮されていないのがわかります。これは、参戦各国のどこでも共通した現象であり、その直後に敵国に対する猛烈な敵愾心《てきがいしん》を煽《あお》る宣伝が始まるのが普通でした。

連合国のマスコミは、ドイツ人を七世紀に東ヨーロッパに侵攻した遊牧民にたとえ、「フン族」と呼びました。こういった敵国民への悪罵《あくば》も二〇世紀から開始されたわけですが、政府の手を通して宣伝がおこなわれたのが特色です。この頃から義務教育の普及によって字の読めない人々は少なくなり、マスメディアが発達します。それでも、国民が本気になって信じたかどうかは疑問が残ります。

日本の太平洋戦争の開戦詔書は漢文調のもので、かついたずらに長く、国民が読むことを期待したかは疑わしいのですが、あとでやさしい解説が出ることを期待したのでしょうか。内容は「自存自衛」のため戦争を開始し、あげく東亜新秩序、欧米植民主義からの解放までを並べたてたものです。

新秩序というのは国境を変更することを意味しますから、自衛とは明らかに矛盾します。そうなれば東亜悠久の平和が実現するといっても、日本人以外の人々が納得するものではありません。つまり自国民向けなのですが、わが国政府が漢文を出してくる時は、どうも自家撞着《じかどうちゃく》の弁解が多いようです。

第3章　大戦争と小さな戦争

23 大戦争の特徴について

大国同士の戦争は圧倒的です。量・装備・方法が拮抗《きっこう》しているからです。こういった戦争は対称的な戦争ともいわれますが、戦争の規模が大きく、また密度も濃いのが特徴です。大国間の戦争を大戦争と呼ぶべきでしょう。

一九世紀の大戦争は、ほぼ一回の会戦で片がついたのですが、二〇世紀初めの二つの大戦争である日露戦争と第一次大戦では、両軍の兵員密度が高く、装備と方法が防衛側に有利だったため、長期の塹壕戦となりました。

大戦争では海戦も発生し、周辺諸国も戦火を浴びるのが普通です。一九世紀以降、例外はあるのですが、大国同士が参加する大戦争だけに海戦が発生しています。例外は南米諸国における戦争と、日清戦争（一八九四〜九五）です。とりわけ南米では、一九世紀以降の小さな戦争においても海戦（または水戦）が発生しています。例をあげると、ロペス戦争（一八六四〜七〇）、太平洋の戦争（一八七九〜八四）、フォークランド紛争（一九八二）です。

ただ、これには偶然ともいえる要素が関連します。すなわち南米諸国は、一九世紀初頭のナポレオン戦争による宗主国スペインの崩壊により、独立を果たしましたが、ヨーロッパからの移民者の多くが海岸地帯や大河川の河岸に住みついたため、当初から物流は沿岸や河川の水運に頼っていました。このため、戦争となった場合の補給ルートも水運となりました。

さらに蒸気機関の発明により、一九世紀後半は人類史上でも希な、陸上よりも海上の輸送速度が早い時代でした。南米では各国の独立後、国境線を明確にさせる戦争が多く発生したのですが、ちょうどこの水運全盛時代にあたったわけです。そのうえ地理的にヨーロッパから離れており、干渉を受けにくいこともありました。南米諸国は現在でも、ある程度の規模の海軍を保有しています。海軍の優勢が陸戦にも影響するためです。

一九世紀後半、軍艦が大型化すると、戦う前に相手の艦船を確証できるようになりました。このため量や質で劣勢であれば、艦隊を基地の外に出さない、すなわち、艦隊温存策が可能になりました。これも海戦の機会を減少させることにつながりました。

海戦は滅多に発生しません。一般に、両方が勝機ありと予想しなければ、海戦は起きないものです。したがって、海戦があったということは艦船の質量が拮抗していたことの証明であり、それは互いに大国でなければ普通起きません。

日露戦争以降、大口径砲の艦砲射撃は「公算射撃」といって、中央管制により斉射（サルボ＝一つの艦船の主砲全門を同時に発射すること）によって、ある確率をもって目標に命中させることができればよいとする方法が一般的となりました。艦砲による公算射撃を実行するには、互いの速度・互いの方向・艦の復原・風の諸要素・湿度・地球の自転などさまざまな係数を計算せねばなりません。

コンピューターの発明前、これをアナログ計算機でやったわけですが、実射などによる膨大なデータが必要となり、小国は追随できなくなりました。その結果、小国が戦艦をもつことは事実上不可能となりました。

戦間期においてドレッドノート級戦艦をもてた国は、現在の核保有国より少なかったのです。公算射撃をおこなうための計算技術、測距儀《そつきよぎ》などの観測器、データ保有の負担がいかに大きかったのか、わかると思います。一般に、装備のうちハードは手軽にもつことができますが、そのハードを高度利用するための最先端のソフト技術を維持することは至難です。

24　大国（列強）とはどこをさすか

かつて大国とは国際法上、ヨーロッパ五大国（英・仏・独・墺・露）をさしていました。よく誤解されますが、国家間に平等はありません。人口などに差がある以上、やむをえないでしょう。

イラク戦争（二〇〇三）では、EU（欧州連合）のなかで意見が分かれました。大多数の国はアメリカと共同して参戦することを支持したのですが、フランスとドイツが反対しました。この中で、オランダ外相はEUの外交的見解はイギリス、ドイツ、フランス、イタリアの話し合いで決定され、あとはそれに従うべきだ、と述べたと伝えられました。

これが一九世紀におけるヨーロッパ外交のあり方であって、ヨーロッパ内部の紛争解決や植民地の線引きなどは事実上、五大国のみで決定されていたのです。ただ地中海に関連することは、イタリアが呼ばれるのが普通でした。

五大国がすべてを決め、他の国の意見は全く斟酌《しんしゃく》されず、小国の意見がどうしても必要な時は、利害が密接な大国が意見を代理して述べるのが普通でした。当時、大国同士の外交使節は大使と呼ばれ、小国への使節は公使と呼ばれており、接遇の差は歴然としていました。大国が他の国と区別されねばならなかったのは、小国は大国に安全保障を依存していたためです。

このヨーロッパの外交システムは、第一次大戦後も残りました。ズデーテン問題をめぐる、ミュンヘン会談（一九三八）が、おそらく最後の例でしょう。この時、当事国であるチェコスロバキアは出席を許されず、ドイツ（ヒトラー）、イタリア（ムッソリーニ)、イギリス(チェンバレン)、フランス(ダラディエ)の四人の指導者だけで会議が開催されました。米・日・ソは当然のように招請されませんでした。四大国は話し合いのうえ、ズデーテンのチェコスロバキアからの分離を決定し、チェコスロバキア大統領ベネシュに事後通告しただけでした。このやり方は一九世紀と全く同じです。

では当時、何が大国の資格かといえば、他の大国が軍事上の見地から大国と認めることであり、現実に起きた戦争やGNP(国民総生産)で判断されます。それは同時に、領土の大きさや人口、常備兵力はあまり関係がないことを意味します。過去の戦争は、その国の位置からくる地勢的重要性を示し、GNPは戦争を遂行するうえでの潜在能力を示します。

そして、なぜ常備兵力があまり関係がないかといえば、大国は四年も与えられれば、簡単に編制と装備を最先端のものにすることができるからです。ヒトラーは一九三三年三月に政権を掌握し、軍備増強計画を直ちに実施に移し、一九三八年には前述のミュンヘン会談に戦争を辞さない姿勢で臨んでいます。

一九世紀、ヨーロッパの五大国は、実戦の結果でもGNPでも群を抜いていたのです。その後、この地球上で五大国に挑戦し、対称的な戦争をしたのは日本とアメリカしかありません。それゆえ、現在でもG5諸国(日・米・英・仏・独)とロシアが世界の大国であり、イタリアは場合によって加わる存在でしかないのです。

中国は大きな新興国ですが大国（列強）ではありません。そのGNPは日本の五分の一程度であり、これまで大国と対称的な戦争をした経験はありません。もちろん、インドやブラジルも同様です。

25　一九世紀の戦争はどのようなものだったか

一九世紀初頭のナポレオン戦争は、当時としての世界戦争でした。この戦争は、「自由」と「平等」を主張するフランス大革命の理念の普及という面がありました。結局は反動勢力が戦争には勝つのですが、その後、ほとんどすべてのヨーロッパ諸国が「自由」や「平等」を制度化しました。

「自由」と「平等」は、しばしば君主によって普及がはかられました。これを実現させる観念を「啓蒙主義」（Enlightenment＝原義は蒙《おろか》さを啓《ひら》く）と呼び、それら君主は啓蒙君主と呼ばれました。代表的な啓蒙君主はプロイセンのフリードリッヒ大王（在位一七四〇～八六）で、フランスの啓蒙思想家ヴォルテールと親交を篤くしました。

フリードリッヒ大王は、七年戦争（一七五六～六三）をオーストリアと戦い抜いた、戦争王としても知られます。大王はプロイセン将校のためプールルメリットという軍事勲章を定めましたが、これはフランス語の Pour le Mérite（軍功のために）からきています。この勲章はヒトラー・ドイツの時代においても使われています。ドイツとフランスは、ともに啓蒙主義の採用という点で一致していたのです。

ところが第一次大戦以降、国家社会主義のドイツや「鉄のカーテン」の東側では自由は一挙に失われ、独裁党の党員に特権を与える新たな身分制度が導入され、一五〇年間つづいた「自由」と「平等」は失われました。「自由」と「平等」について社会が常に前進するとは限りません。効率や進歩や党員制度の名のもとで、そういった啓蒙主義システムが簡単に崩壊することがあります。

ともあれ啓蒙主義が全盛だった時代では、戦争も啓蒙主義的になりました。つまり、戦時国際法で戦争を（禁止するのではなく）ルール化しようということになりました。ナポレオン戦争が終了すると、為政者の間に戦争を短期化、局地化しようという考え方が出てきました。戦争を外交紛争解決の手段とするのだから、戦争の目的を一国の完全崩壊や国民の絶滅におかず、係争地獲得や賠償金確保で十分とする考え方です。

戦争は営利的になり、あたかもビジネスのようになりました。戦争に勝利しても、あまりにも高いコストを払ったのでは意味がなく、短期間で、戦死者を少くして終わらせることが最善となります。第一次大戦以降の戦争の講和条件が敗戦国の恒久的武装解除（二度と立てないようにする）におかれたのと、まさに対蹠的といえましょう。

一九世紀の大戦争――クリミア戦争（一八五三～五六）、イタリア統一戦争（一八五九）、普墺戦争（一八六六）、普仏戦争（一八七〇～七一）は、クリミア戦争を除けば一度の決戦からなる戦争であり、長い間紛争となっていた狭い地域が譲受され、終了した戦争でした。

あとの二回の戦争は、勝利者であるプロイセン＝ドイツを欧州第一の陸軍国に引き上げました。これから見れば、第一次大戦が一九世紀の戦争とは完全に異質であり、日露戦争はその中間の性格をもつと読みとれます。

26　大戦に勝利した国が得た利益

戦場で倒れた者や無差別爆撃などによる民間人の被害を考慮すれば、戦争の勝者の報酬など引き合うものではないと多くの人は考えるでしょう。それは全面的に正しいのです。アメリカは二回の世界戦争で決定的な役割を果たしましたが、いずれも「無賠償・無併合」を戦時中に掲げ、講和の席上でも領土増加を主張せず、戦争賠償金も受け取りませんでした。一九世紀や二〇世紀前半の戦争で、日本や英・独・仏にはこれができなかったのです。

なかでも悪質なのはソ連で、表面的にはプロレタリア国際主義を標榜《ひょうぼう》しながら、大戦後、旧（東）ドイツや満州から工場設備などを持ち去り、さらに戦時国際法（休戦協定の成立とともに捕虜は帰還させねばならない）に違反して、捕虜を強制労働につかせました。これは、一九世紀以来の戦勝国がとった戦後処理としてもっとも恥ずべき蛮行《ばんこう》であり、被害を受けた日本で、その後、「反米・親ソ」を主張した政党があることに驚くべきでしょう。

スターリンはこの時、「敗戦国が戦後、戦勝国より豊かな暮らしをすることは道義的に許されない」と演説しました。いずれにせよ、ソ連＝スターリン的な行動は自由や平等を旨とする国民が理解できるものではなく、いかに勝利のための戦争被害が大きかったとしても、人的補償を敗戦国やその他の国に求めることは精神的に正しくないばかりでなく、物理的にも効果は小さいでしょう。

世界戦争における戦勝国の分け前は、あまりにも少ないのです。第一次大戦の勝利でフランスの受け取ったアルザス・ロレーヌの男子人口より、戦場で倒れたフランス人の方が多かったのです。

戦争で解決されたものとは、戦勝国の大義の実現や戦争利得ではなく、戦争そのものの重みによって生じるものです。一般に戦勝国は、賠償金では戦時外債の償還費用すら賄《まかな》うことができません。

大半の戦勝国も敗戦国も戦時中の「戦争経済」をひきずり、戦時配給制度をつづけねばなりませんでした。世界戦争の参戦国は、実は同じボートに乗っていたにすぎません。敗戦国の失う土地の多くは海外領土――国内の分離＝独立主義者の主張する領土ですが、だいたいは戦争によらなくても失うべき土地です。ただ、戦争がそれを加速させたにすぎません。

このことから、大国が他の大国を先制攻撃しても得るものはないことがわかります。一九世紀的に戦争を営利事業とすることは誤りですが、いかに重要な友好国、同盟国が他の大国に先制攻撃されたとしても、ただちに集団安全保障に入ることには慎重であるべきでしょう。

一九三九年、ヒトラー・ドイツがポーランドを攻撃し、同時にイギリスとフランスが集団安全保障義務によりドイツに宣戦しました。これは本当に正しいことだったのでしょうか。イギリスやフランスは、そうなる前に打つ手はなかったのでしょうか。あるいは、打った手が誤っていなかったのか検証されるべきでしょう。

為政者は、とくに戦争恐怖症の軍人が、この作戦計画を実施せねば国家が滅びるなどと思いつめることがないように配慮せねばなりません。そう思いつめた軍人がいたとしたら、彼はすぐに罷免《ひめん》されねばなりません。

27 第一次大戦のあと、なぜ恒久的な平和がつくれなかったか

第一次大戦の戦後処理こそが、第二次大戦を準備したのです。つまりヴェルサイユ条約は、ドイツが旧連合国に再戦を挑みやすい環境を、むしろつくってしまったのです。

第一次大戦の前、ドイツはヨーロッパ五大国の一つにすぎませんでした。ところが大戦中にロシア一〇月革命（一九一七）が勃発し、共産主義政権が誕生しました。当初から、この政権はヨーロッパにおける権力外交には参加しないと明言していたうえ、英仏両国はソ連がヨーロッパには存在しないような外交姿勢をとりました。鉄のカーテンは、この時に成立したのです。第二次大戦以降は、それがもっと表に出てきたにすぎません。

第一次大戦の結果、オーストリア゠ハンガリー二重帝国が崩壊し、小国がその領地を分け合いました。これは大国の完全な消滅であり、ヨーロッパのバランサーが一つ抜け落ちたことを意味します。二重帝国はドイツと同盟して戦ったため、その時は連合国はこの消滅を歓迎したのです。しかしこれは、あとで高くつくことになりました。

このように第一次大戦によって、ヨーロッパ外交地図からロシアとオーストリアが消滅すると、残るのはイギリス・フランス・ドイツとなります。ドイツは第一次大戦の戦

後処理とロシア一〇月革命によって、三つの大国のうちの一つになりました。ドイツは一割ほどの人口を失いましたが、大部分はポーランド語を母語とする人々であり、国民・国土の過去からの一体性を失ったわけではありません。

ドイツはフランスより若年人口が二倍ほどもあり、徴兵制度をとれば動員師団数もそれに準じて増えることは明らかです。そのうえイギリスは徴兵制度を戦後すぐに廃止し、陸軍をほとんどもたない国に戻りました。フランスはイギリスとアメリカにラインラントにおける駐兵を要請しましたが、財政上の理由でにべもなく断わられています。ヨーロッパ大陸の中で、ドイツに軍事力で比肩する国がなくなってしまったのです。

ヨーロッパの戦間期とは、この端的な事実を、いかに表面的に糊塗《こと》しようとしたかの歴史です。一九三二年、国際連盟軍縮委員会からドイツが脱退すると、イギリスとアメリカはドイツの復帰を図るべく、フランスに圧力をかけました。フランスはエリオプランと呼ばれる軍縮計画を提出し、ドイツは会議の席に戻ることだけを承諾しました。

イギリスとアメリカの世論は、このドイツの動きに一喜一憂し、ドイツの「軍備の同等」の主張に喝采《かっさい》をおくり、ドイツが席に戻っただけで「平和の勝利」だと叫びました。この事件は、ヒトラーが政権を樹立する以前の出来事です。

じつは、軍縮会議で前進があったとしても、「平和」には全く貢献しなかったのです。むしろヨーロッパの平和を維持するためには、ドイツがフランスに挑戦することができないと意識するほどの軍備を連合国がもつ必要がありました。そしてドイツ人にとっては、ヴェルサイユ条約が天文学的数字の賠償金を支払うことを科した段階で、再戦を挑むことが選択肢となりました。「復讐」(Rache)の観念は普通は長続きしませんが、二五年間の賠償金支払い期間は、その感情を衰えさせるには短かすぎたのでしょう。

ドイツ有利の客観的条件は、一九三〇年代には誰にもわかるものとなりました。第一次大戦の審決は、ドイツの再戦をフランスの国力だけで抑止するというものですが、あまりにも現実を無視していました。

28 第二次大戦の結果、一番大きく変わったことは何か

第二次世界大戦の戦後処理は非常に奇妙な手段がとられました。すなわち、ヨーロッパにおいて敗戦国はなく、英米とソ連の間ですべてが決定され、勢力範囲が決められました。英米は勢力圏内で、ドイツとギリシャにおいて自国の影響が及ぶ政府を樹立しました。ソ連は東ヨーロッパの勢力圏内に自分に忠誠を誓う指導者を立て、共産党政権を樹立しました。

一方、アジアにおいては全く別の手段、すなわち日本のみを敗戦国として、戦後処理

は旧情復帰を原則としました。日本の旧植民地は、北朝鮮がソ連の東ヨーロッパ支配と同様とされた他は、南朝鮮が独立、台湾が国民党政権の統治下に入るとされました。

日本が占領していた残りの地域はどうなったでしょうか。アメリカがこの広大な地域に駐兵するなど、初めから不可能なことでした。アメリカは旧情復帰を原則として、フランスやオランダの俄《にわ》か仕立ての軍隊を、その広大な地域に輸送しました。この間、大きなタイムラグがあり、各地で分離＝独立主義者が立ち上がりました。

現代アメリカ人はこの方針をイギリスに強制されたとも受け取っていますが、実際には他にやりようがなかったのです。復員を急げとするアメリカ世論に押され、トルーマン政権はとにかく一番早く撤兵できる道を選んだにすぎません。

しかし、これは時代錯誤でした。アメリカ人が駐兵することができない土地に、古い植民地主義者のヨーロッパ人を駐兵させても、うまく行くものではありません。戦争によって、軍隊をある一定の地点に進めることは難しくありません。コストもそれほど大きくはありません。しかし平時に、そこに軍隊を駐留させることは別の問題です。

熱帯地域では保健・衛生の普及により寿命が向上し、人口が爆発的に増える形勢にありました。タイの第一次大戦前の人口は四五〇万人にすぎませんでしたが、第二次大戦中には一一〇〇万人となり、現在は六五〇〇万人です。つまり熱帯地方の人口は、二〇世紀に入り急増したのです。

ジャワ島の人口は第一次大戦前、オランダより少なかったことは確実ですが、第二次大戦後は二倍を超えました。オランダは、もし従来のような直接統治をつづけるとすれば、戦前の八万人居住を念頭におけば、戦後は五〇万人ほどを移住させねばならなかったでしょう。オランダのような小国には、もはやインドネシア統治を維持できる国力があったと思えません。オランダ人が日本軍に追い出されたのは事実ですが、ふたたび戻った時、人口差の壁につきあたったといえます。

このように、日本やドイツの占領地区やその「影響圏」では失敗が多かったアメリカですが、全く意図していないところから新しい友人を得ることになりました。それは、日本とドイツです。

第二次大戦前、アメリカは孤立主義をとっていました。これは軍事的な帰結でもあります。すなわち、歩兵を中心とした当時の軍隊は、まず動員をかけ、それから戦場まで運ばねばなりません。アメリカはヨーロッパからもアジアからも離れており、紛争に介入しようとしても、一年半はどうしてもかかります。

ところがドイツと日本に基地を設営すれば、アジアやヨーロッパの紛争にただちに対応できます。元来、日・独はともにアメリカと対立するところは地勢的にありませんから、友好関係は望むところです。すなわちアメリカは第二次大戦の結果、日・独と同盟関係に入ることができ、全世界で圧倒的な地位を占めることになりました。

第4章 小さな戦争と非対称の戦争

29 ヨーロッパ兵は植民地戦争では負けなしか

一九世紀の戦争の多くは単発式の銃で戦われました。後半に入ると、弾丸と薬莢がセットになった実包《じつぽう》が発明され、単発式でも後ろから弾丸を入れるようになりました。日本では、この形式の小銃をスナイドル銃と呼び、西南戦争（一八七七）のころから実戦で使用されるようになりました。スナイドル銃によって、降雨時の射撃に問題がなくなり、また速射力が向上しました。

ただ、スナイドル銃の製造は難しくはありませんが、実包の製造にはある程度の工業力が必要です。それでも、この形式の後装単発銃（スナイドル銃）はアッという間に全世界に普及しました。当時、武器・弾薬は現在よりも頻繁《ひんぱん》に取り引きされた自由貿易商品であり、金銭さえあれば、部族集団・宗教集団でも簡単に入手できたのです。一九世紀のヨーロッパ人は、銃砲により熱帯地方を植民地化したといわれますが、これは正しくありません。

一九世紀前半、すなわち燧発銃《すいはつじゆう》（火打ち石銃＝フリントロック）やマスケット銃（前装銃）の時代に、ヨーロッパ人はすでに熱帯地方に進出していましたが、内陸に踏み込むどころか海岸に交易拠点を築いたにすぎません。

ヨーロッパ人が海岸部で部族兵力に勝てたのは武器で優越していたからではなく、人口、組織性で優り、予定戦場にいち早く多数の兵士を送り込むことができたからです。機動性を保証したのは海運によるところが大きく、むしろ汽船の発明が植民地化に貢献しました。

汽船とは、鉄道と比較すれば極めて排他的な乗り物です。鉄道は、もし線路のある地域を占領すれば、誰でも乗ることができます。ところが汽船は一般に、船長が許可する者しか乗船できないのです。結果からいえば汽船が植民地をつくり、鉄道が植民地を脅かすことになりました。

当時、熱帯地方の人間の移動は、馬がなければ徒歩しかありませんでした。したがって汽船を利用するヨーロッパ兵は、陸地を徒歩で移動する部族兵よりも格段に早く、海岸沿いの予定戦場に到着できたのです。それでも予定戦場が内陸にあると、ヨーロッパ兵も馬に乗る必要が出てきます。部族兵はヨーロッパ兵ほど馬がなかったケースが多かったのですが、後装単発銃をもった歩兵にはなれます。つまり、ヨーロッパ人の騎兵対部族民の歩兵という対抗となります。

ところが日露戦争や第一次大戦で明らかなように、騎兵は歩兵の敵ではありません。すなわち歩兵の弾幕射撃に騎兵は脆弱なわけです。内陸かつ騎兵という条件で、ヨーロッパ諸国の軍隊は簡単に負けているのです。

とくに第二次アフガン戦争（イギリス対アフガニスタン、一八七八～八〇）、エチオピア戦争（イタリア対エチオピア、一八八七）、マフディ戦争（イギリス対スーダン、一八八三～八五）などの一個の会戦では、大敗北を喫しています。

この三つの戦争では、ヨーロッパ諸国はあとになって大軍を送り込み、雪辱《せつじょく》を果たしていますが（イタリアの場合、第二次エチオピア戦争、一九三五～三六）、対象となっている相手を完全に打倒するには至りませんでした。

注目すべきなのは、アフガニスタン、スーダン（マフディ回教国）、エチオピアの三国が一九世紀前半、すでに国家の体裁を整えていたことです。一九世紀のヨーロッパ人も、戦った相手が内陸にある国軍の場合、簡単に勝てたわけではありません。

ライフルをもった歩兵同士の戦いでは、どのような国民だろうが民族だろうが同じ条件の下での戦いとなります。違いが生じる最大のものは交通路の設定すなわち兵站線であり、師団すなわち二万人を超える規模となれば、国家による支えが不可欠です。この種の陸戦のあり方は、ベトナム戦争（一九六〇～七五）まで継続されたとみてよいでしょう。北ベトナムの勝因はホーチミン・トレイルの設定にあります。

30　ヨーロッパ諸国は植民地をどのようにして獲得したか

ヨーロッパの熱帯植民地は一六世紀と一七世紀の大航海時代に得たものと、それ以降とに分かれます。大航海時代の植民地の端緒は国家が企画したものでなく、冒険商人によって開かれました。

冒険商人は海岸部に交易拠点を設け、貿易活動をするなり、現地部族と交戦して財産を略奪するなどの悪行を働きました。多くはポルトガル人やスペイン人であり、活躍の場も人口が希薄な地に限られていました。

現在の人口地図と一六世紀のものは、かなり異なります。まず熱帯地方の人口は、現在の百分の一とみてよいでしょう。欧州、小アジア、中央アジア、インド北部、東アジアを除くと、地球上に人はほとんど住んでいなかったのです。

熱帯＝低緯度地帯では農業の生産性が低く、また熱帯病が猖獗《しょうけつ》をきわめていました。一六世紀に熱帯地方に向かったヨーロッパ人船員、商人の三分の二は生きて故国に帰ることができませんでした。この当時、中南米に行ったポルトガル人やスペイン人も熱帯に簡単には住むことができず、メキシコ高原やアンデス高地を選びました。

次にヨーロッパの植民熱が起きたのは、その二〇〇年後の一八世紀後半のことでした。きっかけとなったのは個人の冒険的なものが多いのですが、流行が落ち着いたあと国家的事業となったことが特色です。

スペインとポルトガルの植民地の残滓《ざんし》は中南米やフィリピンに残りましたが、あとから現れた植民地帝国であるイギリス、フランスはそういった場所には目もくれません。つまり、スペインやポルトガルと争う意志はなかったのです。

では、イギリスはどのような植民地政策をとったかといえば、まず大西洋の対岸のニューイングランドに植民地のようなものを設定しました。ドーバー海峡の対岸には強いフランスがいましたから、反対側を狙ったというべきでしょう。しかし北アメリカで独立主義者に敗北すると、向きを変えて南へ行き、ケープ植民地を樹立し、そのままインド洋をわたりインドに到着しました。そこからオーストラリア、ニュージーランドまで、オランダ人によるもの以外、軍事的抵抗を受けていません。

一方、フランスはといえば、アルジェリアに渡り、次にサハラ砂漠を越え、チャドやニジェールに進みました。そこから東に行こうとした時、スーダン南部のファショダでキッチナー（第一次大戦のときの陸相）率いるイギリス軍と衝突し、そこで停止しました。つまり英仏両国とも、単に抵抗のない方向に進んだにすぎません。

ロシアも同じくウラル山脈を越え、抵抗の多いペルシャ・アフガニスタンを避け、東へ東へと伸びたのですが、最後は日露戦争に直面することになりました。また、オーストリア＝ハンガリーが、南、バルカン半島に伸びていったのも同様の行動であり、日本が台湾、朝鮮半島、関東州、満州へと伸びていったのも自然です。アメリカの西部への進出も同様です。

その中で、どこにも伸びられない大国があります。それはドイツです。ドイツは、周辺のどこを見回しても強敵ばかりです。そのうえ海への開口部が大きいとはいえません。ドイツの伝統に海外雄飛はないのです。普仏戦争（一八七〇〜七一）のあと、ドイツ本国から隣接国に伸びることはもはや無理だと、ビスマルク首相を筆頭に概《おおむ》ねすべてのドイツ人は了解しました。

では、どうするか。結局、イギリスと同様の道を辿《たど》ろうとしたわけですが、イギリスの植民地はかつて無人の土地であったり、現地から招請されたところが多いのです。これを無視して、ドイツ人は膨張政策を言い換えて「世界政策」を唱えたのですが、艦隊を先に準備しても、イギリス人からは「一体何の役に立てるつもりか？」といぶかしがられるのがオチでした。

31 なぜ中国はヨーロッパの植民地にならなかったか

中国に到達したヨーロッパ人はポルトガル人がはじめてで、一五一三年ごろ広東省に現れたとの記録が中国側に残っています。イエズス会などのカトリック修道会による布教が中心でしたが、ポルトガル人の商業活動は、日本との中継貿易が大きなウェイトを占めました。明の嘉靖帝は一五五七年、ポルトガル人にマカオ居住を許可しています。この時、明《みん》の沿岸部では倭寇《わこう》の脅威が重大で、海禁政策という沿岸部に居住することを禁止する手段が講じられていました。明時代後半からそれにつづく清の時代には、沿岸の制海権は全く中国にありませんでした。そのあと一九世紀半ばに至るまで、日本の鎖国政策も加わって、中国沿岸の外洋はヨーロッパ人が自由通航をおこなっていたのです。

そこに登場したのがイギリスです。イギリス（東インド会社）は、茶を大量に輸入していたのですが、輸入一方の片務貿易のため阿片の輸出を開始しました。これは今からみれば不道徳ですが、当時、武器と同様に阿片も自由交易品でした。特定の物品が禁制品とされ、民間貿易の対象としてはならないとされたのは、一八七〇年代の奴隷貿易の禁止問題からです。ただしこれも、英米二国間の協定から多国間に発展していきました。中国は中華思想の国ですから中英間の対等の外交関係を認めず、自由交易品を一方的に没収・焼却したわけです。イギリスがこれに反発して起きたのが阿片戦争（一八四〇～四二）です。この戦争と引きつづくアロー号戦争（一八五六～六〇）は、中国の惨敗で終わりました。海軍力で優勢だったイギリス（アロー号戦争ではフランスも加わった）は、北京や天津、広州などの戦略要地に対し、清国が集めた陸兵を上回る一万名ほどの海兵を集中させることができました。

戦争のイニシアチブは完全にイギリスにありました。これは、汽船の方が徒歩よりも速いためです。ところが、この優位性は鉄道の敷設とともに一挙に崩れました。すなわち北清事変（一九〇〇）において、清国政府の民兵組織である義和団五万人が鉄道で首都北京に集中し、外国公使館などを攻撃すると、イギリスやフランスは多国籍軍を結成する以外、全く方策がありませんでした。

真面目な討伐をおこなおうとすれば、この時、一個師団＝二万五〇〇〇人の軍隊が必要でしたが、両国ともそれをスエズ以東の駐留軍隊では賄うことができなかったのです。結局、日本の第五師団が、ほぼ単独で鎮圧することになりました。これからあと、中国に積極的に軍隊を派遣した西ヨーロッパの国は現在にいたるまでありません。

現在の中国政府は清末から国共内戦（一九四五～四九）の間を、半封建・半植民地の時代と定義します。しかし、ある地域の主権とは、全部あるか、または全くないかの世界であり、「半」の入る余地はありません。中国は、漢民族の伝統的な領土ではない満州と台湾、および外国が租借した沿岸港湾都市を除いて主権を失ったことはありません。中国はそのサイズをもってヨーロッパ人の微弱な植民地化への努力を阻止したのであり、「植民地化」されたことはなかったのです。

32 パックス・ブリタニカの現実

第一次大戦の前の世界はパックス・ブリタニカと呼ばれることがあります。世界でイギリスが圧倒的な地位を占めた時代だったという意味でしょう。ところがイギリスは一八八〇年代に、GNPですでにアメリカに抜かれ、第一次大戦直前にはドイツにも追いつかれました。軍事力という点をとっても、イギリスが圧倒的だったかどうかは疑わしいのです。

イギリス海軍は「二国標準主義」(他の二国を合わせたよりも、自国艦隊を強力にしておくこと)を基準につくられていましたが、その二国とはフランスとロシアを指しました。あまり知られていませんが、クリミア戦争(一八五三〜五六)の時のロシアは、水兵の数では世界一のイギリスに匹敵する海軍国でした。日露戦争の時には日本の三倍ほどの戦艦をもっており、イギリスの半分にも及ぶものでした。ところがロシアは、その欧亜にまたがる帝国の地勢的位置から、太平洋（日本海・黄海・渤海湾）、バルチック海、黒海と艦隊を三分割せねばなりません。しかもさらに悪いことに、黒海艦隊は露土戦争を終結させたベルリン条約によって、ダーダネルス・ボスフォラス海峡を通過できません。海峡を扼《やく》するトルコは両側に無数の砲台を設置し、迎撃体制を厳として敷いていました。たとえ条約を無視して、ガントレットにめげず海峡を強行突破したとしても、上部構造はボロボロにされ、役に立たなかったことでしょう。

　実際に逆の側からですが、ガントレットが試みられたことがあります。第一次大戦のダーダネルス海峡戦で、英仏の（旧式）戦艦が海峡突入を敢行しました。これは機雷に阻まれ見事な失敗に終わりました。

　フランスもまた、艦隊は地中海と大西洋に分割せねばなりません。地中海の入り口はジブラルタル海峡ですが、ここにもイギリスの要塞が築かれており、戦時になれば自由通航できないのは明らかです。

　このように二国標準主義とはイギリス海軍の政治スローガンのようなもので、実態とはほど遠いものでした。結局フランスとロシアは、その地勢的な環境から、紙の上での量ほど強力なものではなかったのです。ただ、これがパックス・ブリタニカの象徴とされました。その後、露仏合同艦隊と地中海で戦う想定は、英仏協商の成立と日露戦争でロシア海軍が壊滅したことにより、不必要となりました。

二〇世紀に入ると、仮想敵はドイツになりました。これだと北海で向かい合うことになります。ドイツ艦隊に対しては一国標準主義しかありませんが、ドイツと戦うことを想定した場合、決戦は海ではなく陸となることは明らかです。

イギリス陸軍は本国に六個師団しかなく、常備一〇万人ほどです。この他にテリトリアル師団一二個がありましたが、兵士は月一回週末だけ訓練を受けるだけで、別名ウィークエンド師団と呼ばれており、実戦には役立たないと見られていました。

イギリスは徴兵制をもたないため、すぐには欧州に大陸軍を送り込めないのです。第一次大戦前について、三国協商と三国同盟の対立とよくいわれますが、軍事上、意味のある表現ではありません。欧州大陸の陸戦能力では、独・墺対露・仏の対立です。イギリスの政治家は、この実態をよくわかっていました。このため紛争ごとに調停につとめ、戦争になるのを、各国のロンドン大使が話し合うことにより防ごうとしたのです。これは、その時の外相の名前をとってグレイ外交と通称されます。

33　国境線をなくすと戦争はなくなるか

第二次大戦後、南極を除いて、国境が大きく未画定のところは、アラビア半島のインド洋に面するオマーンと呼ばれる部分でした。ここはオスマン帝国時代から、部族長が首長（エミール）として小邦を治めていたのですが、オスマン帝国も首長たちがあまりに微細なため、マスカットの長を除いて、スルタン（土侯）にすら任命しなかったほどです。

一応、イギリスがマスカットに領事館をおき、そこが外交関係を代行していたのですが、他国との外交関係など、もとより必要がありませんでした。こういった地域について、中世の桃源郷のような理想の場所として語られることがありますが、実際には暴力と迷信が支配していたといって過言ではありません。

ところが第二次大戦後、ペルシャ湾と紅海両方にまたがるサウジアラビアは、インド洋への出口も模索することを決意したようです。そこで目をつけたのが、ホルムズ海峡をわずかに出て、インド洋に近いブライミ・オアシスでした。サウジアラビアは、それまで無縁なこの地に、ワッハーブ教団の武装神学生を送り込みました。

マスカットのスルタンはこれに反発し、一九五二年から両国はブライミ戦争と呼ばれる全面戦争に入りました。結果はマスカット＝オマーンの勝利で、現地のエミールとブライミ・オアシスを分割することになり、サウジアラビアとマスカット＝オマーンの国境も決まりました。このように国境が未画定で、かつ海への出口が関係する地域は、内陸国にとっては死活的重要問題になり、戦争が発生しがちです。

最近でも、イラク・イラン戦争の原因は、両国を隔てるシャトル＝アラブ河の航行権をめぐるものでした。イラクは海港がウムカスルしかなく、バスラなどの河川港を海につなげようとしたのです。

戦間期のチャコ戦争（一九三二～三五）は、ボリビアが大西洋への出口を求めて、当時、国境線がなかったグランチャコと呼ばれる荒野の領有権を主張して発生したものです。グランチャコを得れば、パラナ河の航行権を得ることができるためです。

第一次大戦のきっかけとなったサラエボ事件は、セルビア軍部内につくられた秘密結社「黒手組」により引き起こされましたが、その狙いはセルビアによるオーストリア領ボスニア＝ヘルツェゴビナ州の併合でした。当時、セルビアはバルカン半島における唯一の海に面していない国家であり、一人あたりGNPが最も低い国でした。黒手組が、セルビアの貧困は海への出口がないためだと考え、（アドリア）海への出口を提供するボスニア＝ヘルツェゴビナに着目したことは想像にかたくありません。

このように海への出口を探さねばならない国が、国境未画定の土地があるとなれば戦争という手段に訴えることを止めることは、かなり困難です。一八八四～八五年、ビスマルクが主宰したベルリン会議（アフリカ会議とも呼ばれる）ではアメリカやオスマン帝国まで参加して、ヨーロッパ各国はアフリカ植民地の線引きをおこないました。これは、当時の平和維持のためには必要なことでした。

この時、決められた国境線は、ヨーロッパ人が住み着いた海岸地帯から奥地に直線を引いたものに過ぎず、民族や宗教について全く考慮されていませんが、現在にいたるも、ほとんど変更されていません。おそらく民族や宗教の要素が考慮されなかったにしても、この線引きにより、大半のアフリカ諸国は海岸線をもつことができたためでしょう。

34　宗主国は植民地統治を謝罪しなければならないか

歴史用語としての植民地とは、一六世紀の大航海時代以降の、ヨーロッパ諸国の海外領土をさすようです。たとえばドイツがポーランド人の多く住む西プロイセンを支配下においたり、イギリスがアイルランドを長い間統治したりしても、植民地と呼ぶことはありません。同様に、ロシアが後カフカスや中央アジアを占領し属領としても、普通は植民地と呼びません。しかしアメリカのフィリピン（なぜかグアムやプエルトリコは植民地と呼ばれない）や日本の海外領土は、植民地と呼ばれることが多いようです。

いわば、工業先進国が海外に保有した直轄地・保護国・準保護国などが、近世以降のいわゆる植民地に相当するのでしょう。保護国（地域）とは、宗主国に一部主権を制限された状態です。この主権とは普通、外交権を指すことが多く、したがって軍権の一部も制限されます。

「国」とは異なり、「帝国」と呼ばれる国家組織もあります。これは複数の「国」を糾《きゅう》合《ごう》したもので、複数の民族や宗教グループを統治下におく状態を指します。

一九世紀後半の東アジアでは、大清帝国・大日本帝国・大韓帝国の三つの帝国が成立しました。これは君主のタイトルが「皇帝」（日本の天皇も対外的にはこう称した）であったためです。大日本帝国と大韓帝国は複数の国によって成立していませんから、ヨーロッパ的には帝国ではありません。ただし大日本帝国は以後、二つ以上の国を傘下におさめ、帝国の名前に値するようになりました。

この君主のタイトルにもとづいて帝国と表現する方法は東アジアに限らず、イギリスが「大英帝国」となったのは、インドのムガール皇帝位を金銭で買収したあとのことであり、ヨーロッパでも見られます。

いずれにせよ、本国と植民地、または複数の国の連合体を分割したあと、宗主国は謝罪したでしょうか。または謝罪する必要があるでしょうか。謝罪した国は日本しかなく、謝罪する必要はあまりないのです。

なぜならば、宗主国は植民地を経済的に搾取することが構造的に難しいのです。とりわけ海外植民地は遠隔なため、財政を本国と分離せねばなりません。そうした場合、植民地での徴税を本国にまわすことは、まず不可能です。労役的課税である徴用や徴兵が課せられることもありますが、こういったものは独立国であっても発生します。目的の多くは、植民地の防衛や開発のためです。もちろん労役を含む徴税は、独立した場合よりも少なく済むはずです。

要は植民地経営による宗主国の利益とは、せいぜい本国人の役人としての雇用、および自由貿易を前提とすれば、特恵関税による貿易程度しかありません。それに植民地と本国の間の貿易量は、量としても額としても大きなものではありません。

近世の工業先進国による「海外（熱帯）植民地化運動」と、第二次大戦以降、新たに出現したソ連や中国による東ヨーロッパ・チベット・北朝鮮などの保護国化・併合とくらべて、変わる点を見つけることはできません。

近隣への領土拡大による国力増強とは異なり、海外植民地の獲得により本国の国力を増加させることはできませんでした。現在でもヨーロッパ諸国では、何のための植民地経営だったかという点について議論がつづけられています。

日本の朝鮮半島植民地化についていえば、財政は本国から持ち出しでした。それに加えて現代日本では、あまり重要視されませんが、現在の朝鮮半島にある二つの政府が独立後、無償で没収した日本人の私有財産についても考慮されるべきでしょう。朝鮮にあった工場やダムは日本の民間会社が日本で出資金を集め、日本の銀行から借り入れて建設したものです。植民地が独立しても、こういった民間資産は第三者が計算して返還すべきものです。

35 国家統一のための戦争は肯定されるか

これは、統一という大義であれば、他国を侵略(第一撃をうつ)してよいか、との質問と同義です。一方の大義が他方を満足させることはできませんので、誤りといえます。一九世紀以降の統一戦争とは、貧者による富者への攻撃が大半です。富者のいる地域を併合すれば、より繁栄するとの貧者の思い込みから来ているものです。

そもそも統一とは、他国の人々の中に人種・言語・宗教・歴史などの共通性を発見し、その人々の動向にお構いなく実力で併合することです。もし他国の中にいる人々が統一を望むとすれば、まず分離・独立運動を興し、達成したのちに合邦《がっぽう》すればすむ話です。

たとえばテキサス戦争（一八三五～三六）で独立を果たしたテキサス共和国は一〇年後、アメリカと合邦しています。これは希《まれ》なケースであり、大半は貧しい強者が富める弱者を強要して併合するものが大半です。

イタリア統一戦争（一八五九）とはトリノを首都とするピエモンテによる、ミラノを核とするロンバルディアの吸収です。普仏戦争＝ドイツ統一戦争（一八七〇～七一）は、プロイセンによるヴュルテンベルクとバイエルンの吸収です。第一次大戦の戦後処理で、セルビアはクロアチア・スロベニア・ボスニア＝ヘルツェゴビナ・モンテネグロを吸収しました。いずれもセルビアより富裕な地域です。

朝鮮動乱（一九五〇～五三）は北朝鮮による韓国併合の企てです。ベトナム戦争（一九六〇～七五）は、北ベトナムによる南ベトナムの吸収で終了しました。これらの「統一戦争」は、あたかも分離＝独立主義者による内乱（＝独立戦争）と性格が同じようにとらえられていますが、全く違ったものです。

現在、中国政府は「一戦・一統」を掲げ、台湾を武力統一しようとしていますが、単に台湾の富を狙ったもので台湾人に興味があるわけではなく、暴力主義的な主張にすぎません。同時に朝鮮半島については、「不戦・不統」を標榜していますから、一貫性のひとかけらもないことがわかります。

このように、統一は「失われた国土の回復運動」（第一次大戦前にイタリアが熱心に主張したのでイリデンティズムと呼ばれる）と同質のもので、他国を侵略するのであれば道義的にも正しくないのです。

外交的解決とは、問題の暴力的解決＝戦争によらず、話し合いで解決することです。もしある国の内部で、さまざまな理由により分離＝独立を望む勢力があるとすれば、それはまず政党をつくり主張すればよいことです。

民主政治において、ローカル政党が存在することは極めて危険です。韓国を例にあげて説明するなら、盧《ノ》武鉉《ムヒョン》政権は金《キム》大中《デジュン》の地盤を引き継ぎ、南部の全羅道を基盤にしています。大統領選では、なんと九〇％以上の支持をうけました。ところが盧武鉉の政策は北朝鮮を「太陽政策」によって懐柔《かいじゅう》できるとする、あまり例のない宥和政策です。反盧武鉉派はこの宥和政策に反対しています。これをめぐって国論は二分し、拮抗した対立となっています。ところが選挙をすると、盧武鉉派有利は動きません。なぜならば、人口の五分の一を占めるにすぎない全羅道にしても、その九〇％が盧武鉉に投票します。そうすると政策と離れても、盧武鉉派は選挙に勝つことができます。

同様の事態は一八九〇年代のイギリスに現れ、保守党と自由党の二大政党の間に立ち、アイルランド独立党はキャスティングボートを握りました。これでは、政策をめぐる自由な討論と選挙によって決定する民主政治は危機に陥ります。

その結果、イギリスはアイルランドの独立を許容《きょよう》せざるを得なくなりました。このように、ローカル政党やローカルにおける圧倒的な支持は、民主政治の運営を困難にしますが、逆にいえば、このようなローカル政党の存立は「独立」への重大な契機ともなります。

ところが、統一戦争というのはその程度のローカルな支持もなく、サダム・フセインのように、単に失われた地方だといって富裕なクウェートに攻め込む類が多いのです。民主政治ではなく独裁政権のもとにあった場合、平和的統一は困難な道といわざるをえません。

36　民間人が正規軍に対抗できるか

一九世紀に入り、徴兵制、参謀本部の設立、装備の近代化により、国軍の能力は大幅に向上しました。それまでの、都市の路上にバリケードを築いて内乱を引き起こすという市民革命は、事実上不可能となりました。この種のバリケード革命は、一八四八年にヨーロッパの各都市で一斉に起きた、自由主義者によるものが最後です。それ以降の革命や内乱は、国家の敗戦が引き起こした軍隊や警察の崩壊によるものと、軍事クーデターによるものです。

現在でも地球上には、独裁と厳しい圧政が敷かれている国家は数多くあります。自由な国民からみれば、「なぜ反乱を起こさないんだ?」との疑問が生じることでしょう。しかし、それは不可能なのです。

カンボジア大虐殺（一九七六～七八）の時、何が起きたのか。わずか二万人にも満たないクメール・ルージュ（「赤いクメール」。兵士の過半は、おそらく誘拐されたとみられる二〇歳以下の子供だった）の兵士に、首都プノンペンの市民八〇万人が住む家から追いたてられ、おそらく三カ月未満のうちに、その大半が殺害されてしまったのです。

プノンペン市民の体力が弱かったり、クメール・ルージュの兵士（子供は残虐な殺人を平気で犯す傾向はあるものの）が、とりたてて腕力があったりしたわけではありません。平和に暮らす市民が、汚職や無能・横暴により軍隊や警察に反感を抱いているのは普通のことです。けれども、それまでの軍隊や警察が消え、新たに来た軍隊が暴力を振るいだした時、なす術をもちません。

この事件の首謀者であるポルポトの意図は、大人を洗脳し直して新たに共産主義者をつくることは不可能であり、子供を両親から分離し、徹底的に共産主義をたたき込まねばならないというものでした。ポルポトはラオス国境近くの東北部に住む農民だけをカンボジアに残存させ、残りの大人はすべて殺害する方針で臨みました。

この政治方針は極めて異常なものですが、アジア共産主義者にはしばしば見られるものです。アジア共産主義の基本は、資本主義よりも社会主義の方が進歩した体制であり、それを推進する共産党に反対するものは、すべて敵だというものです。同様の政権が支配する中国でもベトナムでも、また現在の北朝鮮でも、市民が独裁政権に抗して実力で立ち上がることは全くできません。

それは密告制度や無気力のためではなく、単に軍隊や警察の存在のためです。ボルトアクション式小銃を構えた、よく組織された若者・子供に対して市民が街頭にバリケードを築いたところで無力です。

先進工業国で、学生や労働組合員が暴力的なデモを展開したりバリケードを築いたりすることはよくあり、活劇として見所のあるものです。ただ、これがなぜ成立するかといえば、軍隊や警察が銃を乱射しないだろうという前提に立っているにすぎません。世論や報道機関の目を気にしない、無慈悲な独裁者に率いられた軍隊が現れた時、活劇は血の惨劇に変わります。

37　国軍は国家を支配することができるか

国軍が政府を支配することは、よく発生します。この場合の支配とは、参謀本部という組織が政府に命令する状態となることで、退役軍人が大統領になることではありません。もちろん、何らかの形で行政組織を参謀本部に従属させれば同じことになります。「参謀本部」と断わるのは、陸軍省ではないという意味です。近代的行政組織では陸相は首相の命令の下、または承認を得て業務を執行します。このためクーデターを企画する際には、行政の一部である陸軍省から参謀本部を独立させ、軍隊に命令権をもつ参謀本部を完全に支配するのが成功の第一の条件となります。

成功したクーデター首謀者は、内乱勝利のあと大きな選択に迫られます。すなわち、表の大統領となり行政府を統括する道を選ぶか、行政府をそのままにして後ろから参謀本部が操り人形のように支配するか、です。

これは、「賭け」ですが、長期的なビジョンをもつならば、首謀者は大統領となる道を選びます。この場合、参謀本部は従前のまま維持されるのが普通です。幾年か経つと、クーデターでのし上がった大統領は、自分がいた参謀本部から新たな挑戦を受けることになります。このようにして、クーデターは繰り返されることになります。

なぜ、成功したクーデター首謀者は行政組織を破壊し、共産主義者のように新たに行政組織を立ち上げないのでしょうか。その答えは単純で、行政組織が破壊されると軍隊は立ち行かないのです。つまり国軍とは、行政組織のやや切り離された一部です。国軍の将校や兵士の給与、食事、宿舎や被服はすべて税金で賄われているのです。当然のことなから、作戦計画にもとづいて一個師団が移動するための費用も国庫によって支払われます。

もし国軍が奇襲攻撃にあい、車輛移動するのであれば、国会の議決にもとづいた年間予算に含まれている陸軍予備費（突発的な支出に備えるための課目）を使って、主計将校がガソリンをガソリンスタンドから購入するしかありません。

これが敵地であれば、戦時国際法が適用になりますから徴発が可能です。この場合、主計将校は「後日、○○師団本部に出頭のうえ支払いを受けてください」とガソリンスタンドの店員（民間人）に伝票または軍票をわたすことになります。

ところが、国内では戦時国際法は適用されませんから、たとえばガソリンスタンドが「売るのは嫌だ」といえば、どうしようもありません。これではいけないということで、有事立法が制定されたわけです。

国内にいる軍隊とは、国法によって規制された役人の集団です。当然、警察や消防も、徴税組織を筆頭にさまざまな行政組織に負っているように、国軍は国家によって保たれているのです。クーデター首謀者は軍隊を背景に政権を握ったわけですから、軍隊を消滅させるわけには行かず、既存行政組織も維持する必要があるのです。

一九一七年、ロシア一〇月革命により行政組織が崩壊すると、帝政ロシア軍は一瞬にして跡形もなくなりました。その後できた赤軍は、原型を帝政ロシア軍に全く負っていません。ソビエト政権は、従来の国家の外にあった権力機構であり、従来の国家を崩壊させるにつれて国軍（＝帝政ロシア軍）も消滅したのです。中南米に多くみられるクーデター政権と共産政権はかなり経過が異なっており、前者は短命ですが、後者はかなりの長命を保ちます。

38 軍隊と警察はどちらが強いか

あまり知られていませんが、警察官のもっているピストルには実弾が込められていても、軍隊駐屯地の門に立つ歩哨の小銃には、普通実弾は入っていません。すなわち平時の兵士は実弾をもたないのです。

もちろん実弾訓練はやりますが、警察官より頻度が高いとはいえません。当然のことながら警察官のもつ武器は、軍隊よりも威力は劣るわけですが、警察が軍隊に勝てないのはそういった武器の優劣によるのではありません。訓練の度合いでも、実戦馴れでも、宿舎でもありません。

軍隊と警察の最大の差は、「兵站《へいたん》組織をもっているか、いないか」です。つまり警官のもつピストルなどの武器は原則として各地にある警察署で保管されており、ある警察署の武器弾薬がなくなったからといって、常時、補充する体制にはなっていません。編制も、自治体警察と呼ばれるように自治体の財政で賄われ、ある地域で完結するようにできています。

一方、国家財政によって支えられる国軍は、兵站も常に一国を基準としておこなわれます。武器弾薬が不足しても国家に在庫がある限り、兵站組織を通して補充しつづけます。これはどういうことかといえば、仮に軍隊がある警察署を襲撃するとします。すると、軍隊と警察は警察署の塀越えに盛んに銃撃戦を展開することになるでしょう。ところが警察の方は、弾薬の補給も受けられなければ、食事も署内にあるだけで、さらに死者が出ても、どこからか補充警察官が来るわけではありません。

軍隊の方は十重二十重に取り囲み、警察が消耗していくのをじっと待ちます。そして軍隊の場合、弾薬が消耗すれば兵站部隊から届けられますし、食糧にしても同じことです。死亡した兵士がいれば、補充兵が到着します。それゆえ時間がたてば、警察はたまらず降伏することになります。つまり、国家の物資補給設備や予備役兵と連絡がついているのが軍隊です。

軍隊が要塞に籠城《ろうじょう》したり、南海の小島にたてこもったりすることは得策でなく、そうならないような戦略をまず立てねばなりません。とりわけ、籠城というのは消極的な戦略であり、短期間に後詰《ごづめ》（救援のための部隊）が来なければ、どの国の陸軍教則でも必敗とされていました。

旧軍のマニュアルでも、要塞とは支撑点《しとうてん》として使用するもので、立てこもるためのものではないとされていました。支撑点とは敵に押された場合、踏みとどまる拠点で、敵が前進してきた場合、戦線をM字型にもちこみ（旧軍は嚮導《きょうどう》とこの動作を呼びました）、両側から逆襲（旧軍はこの動作を攻勢移転と呼びました）するために利用するとされました。

これは守勢にまわった場合ですが、攻勢の場合、敵を包囲し補給路を絶てば、勝利は容易に導けると思います。このため、陸戦の戦術的勝利とは包囲することをさすのが一般的になりました。包囲と対極的に使われるのは突破ですが、これとても最終目的は突破後、左右に広がり、部分を包囲することにあります。

くり返しになりますが、国家から補給がおこなわれ、独立して長期間行動できるのが軍隊です。軍隊が強いのは、単に機関銃や戦車、戦闘機をもっているからではありません。

39　植民地の民衆はどうやって宗主国を追い出したか

現在、世界の独立国のうち大半は、二〇世紀になって独立した元植民地で占められています。また、そのうち多くの新興国家は、真偽の定かでない独立戦争における英雄神話を自国民や他の世界に発信しつづけています。このうち一九世紀以前の神話、例えば中南米における独立戦争の英雄ボリーバルの活躍は、ある程度、史実の裏づけがあります。現在のブラジルとアルゼンチンを除く各国の独立はボリーバルに負っています。ところが二〇世紀に入ってからの独立の大半は、自ら独立戦争を起こして勝ち得たものではありません。政治活動や言論活動により、または時代潮流によって成功させたのです。新興独立国の初期の指導者は、多くの活動家、革命家の死に乗っかって、単なる幸運から指導者の座につきました。このため、あとになって地下活動などの英雄神話がつくられることが多いものです。

現代のジャーナリストや外交官は、新興国家リーダーから耳にタコができるほど独立神話を聞かされますから、「独立は素晴らしい」「植民地宗主国はなんと悪いんだ」と思い込んでしまいます。これには一片の真実すらないことが多いものです。

第一次大戦以前、独立国家の存在証明は国軍でした。けれども第一次大戦以降、ヴェルサイユ条約などにより、フィンランド、バルト三国、ポーランド、チェコスロバキアの六カ国が、ロシアとオーストリアから独立を果たしたのですが、いずれも独立した時に国軍があったわけではありません。

このうち、フィンランド、バルト三国、ポーランドの独立は、ヴェルサイユ条約の前に締結された独ソ間の講和条約のブレスト＝リトフスク講和条約にもとづくものです。つまり、ドイツとロシアの保証に乗ったものでしかありませんでした。ただしチェコスロバキア軍は休戦半年前、シベリア鉄道チェリャビンスク駅で復員・解放されたチェコ兵がボリシェビキに対して決起して出来たもので、自前の軍隊には違いありませんが、フランス軍統制下での反乱にすぎません。

第二次大戦直後の独立は、主として日本の植民地および占領地区から発生しました。ただ、南北朝鮮も自力独立ではありません。そして日本の敗戦から三年後、イギリスはインドの独立を承認しました。この独立も、イギリスが財政上つりあわないと判断したことが大きかったと思われます。イギリスは一九三一年に成立した労働党のマクドナルド挙国一致内閣のころから、インドをカナダ、アイルランド、オーストラリアなどと同様の地位の自治領として独立させることを考えていました。

その理由は、一九一九年に起きたアムリツァールの暴動などにより治安維持コストが予測不可能になったことだと思われます。すなわちインド植民地のそれまでの最大の悩みは、北西辺境問題と呼ばれるイスラム教徒の反乱でした。イギリス本国から派遣されていた三個師団は、ほぼこれにあてられていました。ところが戦間期に至り、イギリスでは平和主義が台頭して陸軍は削減され、広大なインド内陸部の治安維持には手が回りかねるようになりました。

要約すれば、植民地の独立とは分離＝独立派の武力蜂起で宗主国軍隊が殲滅されたり、壊滅的打撃を受けたりして実現したのではなく、恒常的ハラスメント（宗主国から派遣された官民に脅威を与えること）により、駐兵経費が割に合わなくなり、宗主国が独立を許さざるをえなくなったものが大半です。ハラスメントとは言論やオープンな武力行使ではなく、「テロ」の形をとることが多いものです。こうしたことから、現代の疫病「テロ」に寛容な風土が新興独立国に現れることになりました。

40　代理戦争は存在しない

二〇世紀の歴史は、大国を動かそうとする小国の陰謀の歴史でもあります。まず第一次大戦のきっかけとなった、セルビアのテロリストによるオーストリア皇太子フランツ＝フェルディナント大公夫妻の暗殺事件が指摘されねばなりません。

このときのテロリストの意志は何かといえば、オーストリアにセルビアを先制攻撃させ、ロシアとセルビアが組んで防衛戦争をおこない、当時オーストリア領であったボスニア＝ヘルツェゴビナ州をセルビアに割譲させる目的であったことは、今となれば明らかです。

ロシアにはこの罠にはまるつもりはなかったのですが、シュリーフェンプランの暴走（五八～六一頁参照）により、テロリストの目論見どおり第一次大戦が開始されました。さらに驚くべきことに、テロリストの目標だった大セルビア運動が成功し、ユーゴスラビアが実現したのです。現代人はこの歴史の負の遺産、すなわちテロの成功を背負わねばならないのです。

たしかに、セルビアの成功はロシアを巻き込んだことによるのでしょう。この事件は、大国が友好的な小国の支援に乗り出すことがいかに危険かということを示します。しかし、だからといって集団安全保障に入っている小国の苦境を見逃すこともできません。

サラエボ事件は第一次大戦のきっかけとなりましたが、第二次大戦はどうでしょうか。第二次大戦のきっかけは、ヒトラー・ドイツがポーランドに奇襲開戦したことから始まりました。ドイツ東部国境はベルサイユ条約で定められたものですが、第三次ポーランド分割（一七九五）以前の状態に国境線を戻しました。ところが、東プロイセンがドイツ本国から切り離されたため、ドイツ人はなんとも不満でした。もっとも、切り離さねばポーランドは海への出口がなくなるわけで、解決不能の問題です。

ドイツ人は一二世紀ごろから、キリスト教布教をかかげ、ドイツ騎士団の形をとってバルト海沿岸に移民していったのですが、多くは都市に集まり、商業を営みました。このためバルト海沿岸都市にはドイツ人が住み、農村部には土着のポーランド人が住むという構造になっていました。これでは国境線を引くことは至難です。

ヒトラーは、ポーランド回廊とダンツィヒの回収を目論んで、ポーランドに全権を委任された外交使節の派遣を要求しましたが、ポーランドはどうしても応じません。ポーランドの強気の背景は、人口三〇〇〇万人と東ヨーロッパでは最大の人口ブロックであり、軍事力に自信があったこと、フランスと、前年にはイギリスから集団安全保障を得ていたことでした。

つまり、ドイツも英仏両国を敵にまわしてまで、ポーランドに攻め込むことはないだろうと考えたわけです。そしてヒトラーは、ポーランドに攻め込んでも、ミュンヘン会談の時と同じく英仏は立たない、または立っても西部戦線で攻勢に出ることはないと予想しました。このすれ違いが第二次大戦を引き起こしたのです。

これでは、単純にポーランドが英仏を引き込んだとはとれません。ポーランドが英仏の引き込みを前提とした外交を展開したということでしょう。このように、セルビアにしてもポーランドにしても自分たちの利害のみに集中し、大国の代理をする気持ちなどさらさらありませんでした。したがって代理戦争は存在しないのです。

第5章

政治（外交）と戦争

41 「戦争は他の手段をもってする政治の延長である」

クラウゼビッツの有名な格言――「戦争は他の手段をもってする政治の延長である」を、それだけ聞くと意味がとりにくいのは事実です。この格言は、『戦争論』の前半に出てくるもので、この格言の周辺にある文章を見ても、同様にわかりにくく、あたかも孤立したスローガンの如くです。ここでは国家間の戦争を中心に取り扱っていますから、政治を外交（外政）とおきかえることができます。すると、「戦争は他の手段をもってする外交の延長である」となります。

次なる問題は、「戦争と外交とは交互に現れるものだ」と解するべきなのか、それとも「外交はあまねく存在しているが、戦争という形をとることもある」と解するべきなのか、という点です。後者であれば、交戦中でも戦局と離れて和平交渉をすべきだとなります。

こういった叙述上の点は、これまでも論争されていたわけですが、近代的参謀本部の設立以降、従来にない新しい問題が生じました。「外交と関係がない戦争はあるか、または、外交と関係がなく戦争を仕掛けてよいのか」という点です。本書の読者はすでに気づいていると思いますが、外交と関係がない戦争は存在します。太平洋戦争や第一次大戦のように、作戦計画それ自体が暴走したケースです。

帝国陸軍には、この暴走を是認する、ある秘密の教条がありました。それは自ら仕掛けた戦争（＝侵略戦争）を、「政略出兵（戦争）」と「戦略出兵（戦争）」の大きく二つにわけたことです。

政略出兵は、政府（内閣）・外務省に要請されて戦争を開始するわけですから、これはクラウゼビッツの格言に従った普通の戦争ということができます。ところが戦略出兵というのは、統帥部（参謀本部または軍令部をさす）が事前に作戦計画を立て、好機到来とみれば統帥部が戦争を提案するものです。

戦略出兵のような戦争の始め方がよいと主張されることは、日本以外ではまず見られません。例外としてオーストリア＝ハンガリー陸軍参謀本部がイタリアへの予防戦争を一八九〇年代熱心に主張しましたが、これも局地戦争が前提であり、大掛かりなものとはいえません。ともかくクラウゼビッツの対極にある考え方で、日本独特の縦割り行政からのものです。外務省が戦争を提案する権限をもつならば、統帥部も「われわれにも権限を」といった気分でしょう。

にもかかわらず、戦略出兵が成功するとは思えません。なぜなら、少壮（軍）官僚が議論で作戦計画を決めてしまうためです。つまり戦略出兵のための作戦計画とは、平時はヒマな少壮官僚が完全無欠、必勝を期して作ります。しかし、そのためには、あらゆる仮説に耐えねばなりません。これは一種の強弁となり、それ自体が大きな落とし穴となります。

少壮官僚は、戦争が長期化しても、あらゆる大国が敵にまわっても勝てると強弁する必要があります。シュリーフェンプランは、イギリスの参戦を招いても構わないという仮説に従っていました。太平洋戦争の南方作戦計画の説明の際、海軍は英米一体論を唱えました。シュリーフェンプランや南方作戦計画を暴走させた結果、第一次大戦のドイツは、最後にはイギリスの参戦が重荷となって敗北し、日本は外交的争論のない国だったアメリカを奇襲したため敗戦に追い込まれました。

クラウゼビッツの思弁はドイツ風のものですから、事実からの帰納《きのう》を否定し、一般論から結論を導く方法のみが正しいという前提に立っています。これはドクトリン（教条）主義といわれる、日本の少壮官僚が好む論理構成法ですが、ある命題を絶対として、そこからのみ結論を導き出すべきだという、試験秀才が陥りがちな方法にすぎないのではないでしょうか。

42　国連は日本を守ってくれるか

国連は紛争調停機関であって、安全保障機関ではありません。安全保障機関とはNATOのような機構です。NATOは一九四九年に結成されましたが、それ以来、加盟国が集団安全保障条項を発動したのは、二〇〇一年九月のアルカイダによる世界貿易センタービル他のテロによるものだけです。五三年間に、それしか先制攻撃を受けなかったのです。NATOが戦争の抑止に貢献していることは疑いありません。

加盟国同士の戦争も、ギリシャ・トルコ間のキプロス戦争（一九六三）以外になく、それも織り込み済みの戦争でした。というのは、両国は一九五二年、同時にNATOに加盟したのですが、両国間の戦争は集団安全保障条項の除斥案件とするとの条件がつけられていました。

ところが、国連はどうでしょうか。国連（国際連合）が結成されてから二〇年間に起こった国家間の戦争は一九件に達しますが、第一次大戦後に結成された国際連盟の発足後二〇年間に、戦争は七件しか起きていません（七二頁参照）。国際連盟より国連の方が平和維持に失敗しているのです。この国連が安全保障機関だという誤解は根が深く、「集団安全保障」(Collective Security) という言葉自体、国連の前身としての国際連盟設立の時にできあがったものです。

国際連盟設立のさい、アメリカ共和党上院外交委員長ヘンリー・キャボット・ロッジは、その産みの母ともいえる大統領ウッドロー・ウィルソンに果敢に論争を挑みました。その内容は、国家主権にかかわることでした。ロッジは次のように指摘しました。

「もし国際連盟理事会がある国に、武力行使に踏み切る決議をしたとするならば、理事国は当然参戦することになる。アメリカは理事国となることが予定されている。これは合衆国憲法の定める、議会に与えられた交戦権が国際連盟理事会に奪われることを意味するのではないか」

面白いことに明治憲法の草案を書いた伊東巳代治《みよじ》も、天皇の大権とされる国家の交戦権を国際連盟に預けることにならないか、と批判しています。ロッジと伊東の批判の趣旨は同じです。これに対し、ウィルソンは次のように反論しました。

「第一〇条後段は、連盟理事会はある国の領土と独立が脅かされた時、他の国にいかなる手段を講じるかをアドバイスするとしている。私はアドバイスの意味はアドバイスしか知らない。(国際連盟) 理事会はアドバイスする。それはアメリカの同意なしにはアドバイスしない。議会の紳士諸君はなぜアメリカ議会がしたくもないことをアドバイスされることを恐れるのか。正直言って想像できない。自国の代表がアドバイスをおこなうことに参画しているのに、そのアドバイスを受けることが一体できないのか」

ヴェルサイユ条約（同時に国際連盟憲章）第一〇条後段が、国際連盟理事会の軍事手段採択に関する条項で、ウィルソンのこの演説は、よく条項の内容を説明しているといえます。

国際連盟の性格とは、「軍事手段選択」を「アドバイス」するに過ぎないのであって、行使することを決定するのは主権国家なのです。国際連盟理事会決議とは、理事会に出席した代表の意見が「一致」したものにすぎず、主権国家を強制できるものではありません。これは現在の国連安全保障理事会でも全く同じであって、国連とは世界に多々ある助言機関の一つにすぎません。

43　対等な軍事同盟は存在するか

国際法を学者の書斎から出し、国家もそれを尊重すべきだと説いた初めての政治家は、イギリス自由党のグラッドストンです。グラッドストンは、ある共通の道徳的土台（啓蒙主義、キリスト教、民主主義など）をあらゆる国がもてば、戦争を抑止できると考えました。これは相当に進歩的な考え方です。

日本では国連に加入した時、これで平和が達成できたと表明した人間がいました。そのうえ、「平和憲法」をもったのだから戦争を抑止できるというのもありましたから、それよりもグラッドストンははるかにまともです。

当然のことですが、国連や国際連盟、はたまた首脳会議、国際××会議があっても、戦争の抑止にはならないのです。あるカップルを無理やり結婚させたとして、時間がたてば仲よくなり、よい夫婦になれるかもしれません。これは実際に起きるかもしれませんが、さまざまな国家を一つのテーブルにつかせて話し合いをおこなっても、まずよき友好国には絶対になりません。

首脳同士、たとえば近衛文麿とルーズベルトが虚心坦懐《きょしんたんかい》に話したところで、また小泉純一郎と金正日が話し合ったところで、両国が仲よくなれることはないのです。江戸の無血開城を実現した西郷隆盛と勝海舟の会談のようには国際関係は進みません。両国の間にある懸案事項の解決がなければ、情をかけあっても無駄なのです。

当然、民間人が交流したところで、もっと役に立たないでしょう。以上のような単なる交渉のテーブル設定ではなく、共通の道徳的土台があれば仲よくなることが不可能ではない、とグラッドストンは考えたわけです。

仲よくなる極致は同盟ですが、保守党のソールズベリは同盟について、「イギリスは同盟を誘ったりしない。許可するだけだ」と言い、自由党のパーマストンも同様に、「対等な国同士で同盟は成立しない。同盟とは、ある国が他国の保護を求めることだ」と語っています。

グラッドストンやパーマストンの論調は、トルコ（オスマン帝国）がイギリスに同盟を求めてきた時のものです。トルコは歴史的にロシアのバルカン半島南下の防波堤であり、イギリスと友好的な関係を維持してきました。しかしグラドストンに代表されるイギリス自由党の考え方は、イギリスの伝統的価値観と、イスラム教を国教とするオスマン帝国とは相容れないというものでした。

ただしソールズベリやパーマストンの見解――「対等な同盟は成立しない」は、誤りというべきでしょう。当時成立した露仏同盟は完全に対等な同盟であり、軍事同盟でした。この時、トルコの同盟依頼を拒絶した結果、第一次大戦ではトルコの中央同盟諸国としての立場で参戦することになり、ガリポリ半島における戦いを始めとして、イギリスは多くの人命を失う羽目に陥りました。

それでは、パーマストンのいう軍事同盟における保護的な側面（主権が制限された保護国とは関係がない）とは何でしょうか。それは選択の幅が狭くなることで、フリーハンドの喪失につながります。

現在、日米安全保障条約がありますが、日米間で経済上のことについて、いくら論争しても問題はありません。貿易だけとっても、大豆から始まり繊維・自動車・牛肉と日米は論争を重ねてきました。ところが、軍事・外交上のことでは、日本の選択が狭まったことは事実です。

湾岸戦争の時、武力による国境線の変更を認めるべきではないかとか、たとえイラクが中東全域を支配したとしても、日本は石油を金で買えばよいという声が日本の一部で出ました。この選択肢は、やはり持ち得ないのです。それがためには、米・中・ソあわせて戦う気概をもつ国、すなわち一九三七年の大日本帝国に戻らねばならないのですから。

44　秘密外交とは何か

一九世紀の軍事同盟は、大半が秘密条約にもとづいていました。その理由の一つは君主制度にありました。過去数世紀にわたり、ヨーロッパの王室は互いに通婚しており、国家の外交と王室の社交に区別がない時代がありました。

当時、王室はしばしば国民や国家と対立しました。なぜならば、自国領とは家領を意味するにすぎなかったのです。したがって通婚などによって家領を切り離して一部をやりとりすることは、普通におこなわれていました。ある国民が王室の都合によって突然、他国民と一緒にされたりしたのです。

この家領の感覚が最後まで残ったのはオーストリア＝ハンガリー二重帝国で、ハンガリー王国を除く地域については、ついに名前がつけられることすらありませんでした。二重帝国は家領の積み重ねにすぎず、名前をもつ国民や国家を育てようと意図していなかったのです。

そうなると、家領を保証するのはそこに住む住民ではなく、外国の王家となります。二重帝国を支配したハプスブルク家にとり、外交とは家産を計算に入れたうえでの社交であり、最後まで議会に超然とし首相に報告を要さない外相が、国家（国民）主義ではなく貴族国際主義の精神で、国民には一切知らせずに外交を担いました。現在と異なり、一九世紀においても通信の発達は十分ではありませんでした。

軍事同盟締結や影響範囲を決定するなどの条約は、君主から全権委任を受けた外交使節が、いったん相手国全権と調印しました。その後、君主が了解したのです。現在、条約の批准とは議会の承認を得ることを意味しますが、一九世紀のヨーロッパにおいてはそうでなく、この君主の了解だったのです。

公開条約に伴う秘密議定書や秘密条約は、議会の承認手続きが不要であることから起こった問題です。もし、条約批准の是非について議会でオープンな討論がおこなわれるとすれば、秘密条約の締結は極めて困難となるのは明らかです。そうなると、議会制民主主義を営む共和制の国は秘密軍事同盟を締結することができなくなり、安全保障上不利な立場となりかねません。

これを秘密外交と呼び、真っ先に指摘したのがアメリカ大統領ウィルソンであり、それに追随して帝政ロシアが締結した秘密条約を次から次へとあばいたのは、ボリシェビキの指導者レーニンでした。

秘密外交とは外交使節が秘密の交渉をすることではなく、秘密条約を締結することであり、国権の最高機関が議会ではなく君主や独裁者に与えられていた場合、発生しやすいのです。もっとも、フランスの第三共和制（一八七〇年のナポレオン三世の降伏から一九四〇年の対ドイツ戦敗北まで）では、議会の少数のメンバーだけにはかり、秘密条約を締結することがおこなわれましたから、制度の運営によっては不可能ではありません。

ただし通信が発達し、新聞記者がネタを探し回っている情況では、秘密条約の締結は難しくなります。第一次大戦のあと、ソ連は秘密外交を非難しましたが、一九三九年にヒトラー・ドイツとモロトフ＝リッベントロップ協定とその付随秘密議定書を締結しました。これなどは、ヒトラーとスターリンという独裁者が支配した国だからこそできた芸当でしょう。

同時に、破られた条約としてもっとも著名なものも、このモロトフ＝リッベントロップ協定です。民主主義国家であれば、条約破りは政府による法律破りとなりますが、法律（条約）遵守をブルジョワ的規範にすぎないとする（国家）社会主義独裁国家の場合、独裁者の決定が法律（条約）に優先することになります。

絶対君主制国家や（国家）社会主義独裁国家でなければ、条約破りはなかなかなしえない所業です。現在の日本は条約について、憲法で遵守を定めています。アメリカや他のＧ５（日・米・英・仏・独）諸国も同様です。これらの国における条約破りは、大統領や首相が法律を遵守しないのと同義です。

45　戦争の仲介と仲裁はどう違うか

紛争の仲介といっても、仲裁（Intermediation）と仲介（Good Offices）の二通りあります。仲介は郵便配達のようなもので、仲介者は自分の意見は言わず、結果について双方のため保証したりしません。単に片方の案を、別の片方に運搬するだけです。一方、仲裁とは居中調停《きょちゅう》ともいい、仲裁者が合意事項について何らかの保証をおこなうことです。

たとえばパレスチナ紛争を仲裁しているアメリカは、イスラエルとPLOの合意事項について保証しようとしているわけです。これはある種、危険を伴います。PLOのアラファト元議長は「アメリカはイスラエルの味方だ」と常に力説し、そのためか、パレスチナ・テロ組織はアメリカをターゲットにしたテロを再三実行しています。それでも、アメリカは善意の仲裁者として振る舞っています。他に誰もやらない、アメリカの国内世論が支持している、という二つの理由からでしょうか。

一九世紀後半において、この仲裁・仲介機能をになっていたのはドイツであり、とりわけ宰相ビスマルクは露土戦争(一八七七~七八)を仲介しました。その後の日露戦争(一九〇四~〇五)を仲介したのは、アメリカの大統領セオドア・ルーズベルトです。

露土戦争と日露戦争の間に、世界におけるドイツからアメリカへの「仲裁・仲介権力」の移動があったのかもしれません。仲裁するためには、やはり他に超越する軍事力が必要です。

支那事変の際、日中両国がドイツに仲介(トラウトマン工作)を依頼したのは、両国とも片思いでドイツを味方と思っていたからです。(ヒトラー)ドイツはこの時、日中両国に「郵便配達」以上のことはしないと何度も念を押しています。結局、この仲介は失敗したのですが、次に日本が外交ルートで仲裁を依頼したのは、アメリカでした。一九四一年四月からの日米会談がそれにあたります。

この仲裁依頼は、アメリカが重慶政権と交渉できることを前提として進められたのですが、蔣介石の頼みとするところは奇妙なことにドイツであり、アメリカは蔣介石からの委任を受けることなく会談に応じました。

当時のフランクリン・ルーズベルト政権の思惑はフランスの敗北を受けて、イギリスの崩壊は食い止めたい、しかし参戦はできないというものでした。これがためには、日本によるシンガポール攻撃を止めたいというのが本音でした。最良の方法は日本の要求を受け入れ、蔣介石政権に譲歩させることです。ところが、日本の蔣介石政権への条件がまとまらなかったのです。戦争を停止したい、しかし撤兵はできないという矛盾したものでした。

一般的に、停戦や和平とは撤兵し平和を回復することを意味します。単に駐兵するのでは、中国で無給の警察官になるのと同じことです。しかも、戦争停止の最大の難関は停戦ラインの設定ですが、日本は休戦交渉には応じず、講和条約を先にしたいの一点張りでした。この事情は、休戦交渉は野戦軍司令官の仕事で、外務省の所轄外であったことです。陸軍は一種の責任逃れのために、停戦に伴う責任を外務省に被せたかったのです。役所の縦割り行政は日本の積年の病弊です。

ルーズベルトは一方、時間稼ぎが最大の眼目ですから、確たることは言いませんでした。あげく日米交渉打ち切り＝戦争開始のシグナルとされたわけですから、相互理解の欠如および仲裁や仲介の難しさがわかります。

46 アメリカにとって軍事同盟とは何か

アメリカの第二次大戦後の軍事同盟の狙いは、共産主義国に対抗するものでした。まず米州機構（一九四八）、NATO（一九四九）と集団安全保障機構を立ち上げ、東南アジア条約機構＝SEATO（一九五四）、中央条約機構＝CENTO（一九五五）も実現させせました。この他にも、オーストラリア、ニュージーランド、フィリピン、韓国、日本と軍事条約を締結し、集団安全保障を提供することにより共産圏の封じ込めをはかりました。

アメリカは国連が一方にありながら、こういった軍事機能をもつ条約を締結していったわけで、国連は集団安全保障機能をもっていないという認識を、国際連盟の時から変わらずもちつづけていたことを示します。

これらの軍事同盟の中では、差異があります。最も強力な軍事同盟はNATOであり、従来の集団安全保障条約と異なり、常備軍をもつことになりました。これまでに、戦時において統一司令部がつくられたり、小国の軍隊が大国の総司令部の指揮下におかれたりすることはよくありましたが、平時に軍事同盟機構をつくり、共同軍をもつのは史上初めての試みです。

それまでに、最も強力な軍事同盟といわれていたのは第一次大戦前の露仏同盟であり、両国の参謀本部は年一回、もちまわりで会議をおこない、作戦計画を共同で練りました。NATOの場合は、参謀本部を一本化し、さらに戦時におけるソ連を仮想敵とした共同軍の編制を事前に決めるという徹底ぶりでした。これもソ連の存在のためと、ドイツが脅威でなくなったことに由来しているのでしょう。

次に強力なのは米韓相互安全保障条約です。この条約によれば、韓国軍は米軍の指揮下におかれるとされていますが、一九五三年朝鮮動乱の休戦協定成立以降、形骸化し、実際には戦時になって米軍の指揮下に入ると了解されました。

日米安全保障条約も重要です。この条約は奇妙なもので、アメリカが侵略されたとしても、日本には参戦義務がありません。これは当時、日本に軍隊がなく、アメリカ軍は二戦線標準主義をとるほど強力でしたから、戦力のない日本からの助力は不必要だったためです。

アメリカ軍はスエズ以東の戦争資材をすべて日本に配備していたため、朝鮮動乱、ラオス、ベトナム、中東とつづくこの不安定な地域で、条約廃棄のおそれのある交渉ができなかったともいえます。

NATOおよび極東における諸条約の集団安全保障の実効性が高いことは事実ですが、単にアメリカの封じ込め政策の側面だけから理解することが正しいとは思われません。

第一次大戦前から英仏協商（一九〇四）と日英同盟（一九〇二）があり、ロシアやドイツに対する包囲網はあったのです。そして、ワシントン会議（一九二一～二二）には世界の海洋の分割と、日英同盟を拘束性のない日米英協商に拡大させるという両面がありました。この精神的同盟は、蔣介石の北伐《ほくばつ》に伴う第三次南京事件（一九二七）のとき、共同出兵を断わり日本から反故《ほご》にし、なくなりました。

それが第二次大戦後復活したとみれば、アメリカを軸に新たにドイツが加わったロシア＝ソ連包囲網とみなせます。この流れは、フランスのジスカール・デスタンが提唱したG５に結実します。こちらの方が、国連よりも歴史の流れに沿っているのでしょう。アメリカがもはや封じ込め政策をとる必要がなくなったあとも、G５はG８となり、つづいています。

47　バランス・オブ・パワー（勢力均衡）について

勢力均衡には二つの考え方があります。一つは能動的に勢力均衡を図ることで、イギリス保守党によって主張されました。もう一つは「神の見えざる手」が自然に勢力均衡をつくり出すというもので、イギリス自由党が主張したものです。この両方とも難解で、解説が必要です。

保守党のいう勢力均衡とは、ヨーロッパ（当時の全世界）で一つの強国が出現した場合、イギリスは、それと対立するグループに味方するという考え方です。いわば対立が生じた場合、弱い方に味方するわけで、これはこれで覚悟が必要です。

次に自由党のいう「神の見えざる手」というのは、神は平和を欲するのだから、そのように手をさしのべるはずだというものです。具体的には独墺同盟が成立し、中欧に強力な軍事ブロックが出現すれば、フランスはロシアと軍事同盟を結び露仏同盟ができる。そういった国家間の軍事同盟が構築される過程を通して、自然に勢力の均衡がはかられるというものです。

これに従えば、陸軍力をもたないイギリスは独墺または露仏のどちらかにつくことを考えずとも、ヨーロッパの勢力均衡を保つことができます。勢力均衡策についてのイギリス国内の論争は決着がつかず、第一次大戦にイギリスが露仏側に立って参戦するか否か、最後までもつれる原因となりました。モーレイやロイド＝ジョージらの自由党非参戦派の論理は、イギリスは大陸の争いに関与せず（すなわち参戦せず）、武装中立を保てばよいというものでした。

ところが、ロイド＝ジョージが大戦後半に首相をつとめると戦争遂行に熱心になったように、いったん参戦と決まれば徹底的に戦うのが、イギリス流自由主義者（リベラル）です。根本に「自由のためなら死ねる」という感覚があるためです。

それでは、この論争はヨーロッパにとり、どちらが正しいのでしょうか。答えは単線的には出ません。なぜならば、「なぜ戦争を止めねばならないのか」という視点が重要だということです。戦争を止めると主張することは、国境線の現状変更を暴力ではおこなわないと認めることです。

武力による国境線の変更を考えること――たとえば「統一」「失われた国土の回復」「東亜新秩序」「生存圏の獲得」はすべて、戦争をいつか始めねばならないと主張することです。つまり、先制攻撃を主張することに他なりません。

勢力均衡策とはこの対極にあり、保守党の考え方は、軍事力が十分でない大国が平和についてイニシアチブをとることです。自由党は常に局外中立を保てば、平和が維持できるとするわけですが、戦争が開始されてしまったことは、実は「神の見えざる手」が平和を破壊したことを意味します。イギリスからみれば、保守党の考え方が正しいと考えるべきでしょう。

ここで、第二次大戦後の日本に、この勢力均衡の考え方を当てはめてみましょう。暗殺された社会党委員長の浅沼稲次郎は、「アメリカ帝国主義は日中共同の敵」と訴え、日米同盟を否定し、中国と協調することを主張しました。

当時の形勢からいえば、中国・ソ連ブロック（ベトナム戦争終了時まで、両国はアメリカ帝国主義と共同して戦うという外交戦略をとっていた）寄りの中立、またはワルシャワ条約機構に入ることです。これは経済上誤りであることはともかく、当時の軍事バランスを崩し、大戦争への道を開きかねないという点でも誤りだと思われます。当時の社会党も「平和運動」に熱心でしたが、本心はどのようなものだったのでしょうか。

48　抑止力としての軍事ということ

軍隊とは有事にそなえるものです。警察は常時、パトロールや一斉取締りをおこなうことにより、攻撃的に犯罪抑止につとめますが、消防は火事や事故・急病が起きてから対応するのが普通です。軍隊は消防に近いともいえます。

一般的には、火災予防につとめても火事を抑止、すなわち発生させることを止めることは困難です。なぜならば（警察が防がねばならない放火を除いて）火事は、人間の意志により発生するものではありません。

ところが戦争は、一方の国の指導者の意志で発生します。つまり、戦争とは相撲のように見合って立ち上がり、戦いになるものではなく、敵が背後から裂帛《れっぱく》の気合をこめ襲いかかってくるものです。そして「敵」なるものは国家です。それゆえ戦争を抑止するには、敵が襲いかかることを防がねばなりません。他国が自国に戦争を仕掛ける理由を消す必要があるのです。

ところが、ある国が戦争を仕掛ける理由は非常に多岐にわたります。それに、指導者の性向を見抜くことなどは事実上不可能です。他国に戦争の口実を与えてはならないなどといわれることもありますが、近代に入ってからの戦争の大義（＝口実）は自国民向けであり、「防衛戦争を始める」と自国民に宣言して戦争を仕掛ける国が大部分である以上、「口実」などはどうにでもつくれるのです。

こういった情緒的な戦争防止策はさておいて、実際的な戦争防止策として有効なものは、仮想敵国との間に「緩衝国」が存在することです。実際、ドイツ＝ロシア間をとれば歴史上、独立ポーランドがあった時は、戦争は起きていません。独露双方がポーランド分割を共同して実行したあと、戦争が発生しました。

それは朝鮮半島を例にとると、簡単には行かないことがわかります。日露戦争直前の外交で、日本が戦争を覚悟したのは、ロシアが朝鮮領内の龍巌浦に砲台を築いたのがきっかけでした。この時、日本は大韓帝国を緩衝国とみなしていましたが、日露戦争が発生したことは、大韓帝国が緩衝国として機能しなかったことを意味します。

するとと緩衝国というアイデアは、緩衝国がその実質、すなわち相応の軍事力を保有していなければ成立しないということがわかります。緩衝国とは、陸上にある状態を一般にさします。空軍による対地攻撃の概念は極めて最近の出来事であり、先駆的には日本による真珠湾攻撃がはじめてのもので、海で隔たり、かつ一方が相手方陸地に基地などをもたないにもかかわらず大戦争となった、歴史上唯一のケースです。

いずれにせよ緩衝国とは与えられるもので、積極策ではありません。言い換えれば、緩衝国とは結果として歴史的に「そうだった」に過ぎず、国家間の対立先鋭化が、一時先送りされたともいえます。つまり、同盟を含んだ安全保障体制、緩衝国があることによる侵攻速度の鈍化などの側面から考えるべきなのでしょう。

平和とは単に「祈る」「願う」では達成されません。仮想敵国に戦争を思いとどまらせる手段は自らの軍事力、および同盟国の軍事力となります。それゆえ軍隊は戦争を抑止する、すなわち平和を維持する唯一の積極手段となるわけです。

49　仮想敵国について

日本の場合、新聞記者や識者などはさまざまな仮想敵国をあげますが、未来の単なる予想と「仮想」とはやはり違います。彼らの仮想敵国は予想敵国にすぎません。

参謀本部が仮想する時、戦争が実際に起きた時の防衛方法も併せて想定します。そして、対策をうつ、または対策がない（対策が必要でない、ではなくて）と結論が出された敵国が、仮想敵国です。どの国の参謀本部も仮想敵国をつくり、防衛作戦、場合によっては敵地における作戦も事前に研究するのが普通です。

仮想敵国をもとにした作戦計画をつくることは、防衛を職業とする、それは戦争を職業とすると同じことですが、参謀本部員にとって当然の日常業務です。作戦計画とは、発動されなければ戦争を意味することにはならない点に注意すべきであって、目的は作戦計画の存在と、それを実施できる装備・人員を擁《よう》して、仮想敵国が戦争を仕掛けることのないようにさせることです。つまり、戦争抑止＝平和維持のためです。

ところが、いかなる参謀本部員でも、仮想敵国を設けることは簡単ではありません。とりわけミサイルや核兵器の存在、またテロリスト集団の暗躍などがある現代は、隣接国だけに注意を向けた過去とは質的に異なる時代に入っています。

現在、陸上自衛隊は全部で一〇個ある師団のうち、三個師団と一個旅団を北海道に集中しています。明治時代、大日本帝国は一三個師団体制ですが、北海道には一個師団しかおいていません。自衛隊が北の護りに力をいれ、ソ連を仮想敵国としていたことは明らかです。

陸上自衛隊は何を根拠にそのような編制としたかといえば、従来のソ連の冒険的対外政策が危険だと判断し、かつ距離の短い海しか隔てることがない北海道が侵略の対象とされかねないと考えたからです。日米条約を前提として、北海道に上陸したソ連軍に対して四個師団（当時）でもちこたえ、米軍の来着を待つという作戦計画を立てていたものと推定されます。

ここで当然の疑問が生じます。ソ連はなぜ日本を狙い、北朝鮮や中国を攻めないのか、そして日米条約は突然廃棄されることはないのか、という点です。つまりソ連を仮想敵国とすることは、暗黙のうちに日米ブロック対中ソブロックのようなものが想定されているわけです。全体のパターンとして、日露戦争当時とほとんど差がないという点に驚くことでしょう。

もっとも同盟関係または友好関係とは普通、信じられないほど長く、数百年または千年近くあまり変わることがないといえば、もっと驚くでしょうか。たとえば英仏同盟は一九〇四年、英仏協商（Entente cordiale）として成立し、現在まで残っています。ところが、それより以前、ノルマン王征服の一〇六六年から一九〇四年の間、英仏は一貫して対立していたのです。

翻って日本を見てみましょう。日本と中国間には、聖徳太子が隋の煬帝に対する親書で対等であると宣言（六〇七）して以来、緊張状態がつづいており、断続的な交戦関係が生じました。日米関係については、安政和親条約（一八五四）のあと、一九四一年から一九四五年の間を除き、親しい外交関係が継続されていました。例外は第二次大戦の期間に限られているのです。

一般に外交関係とはこのようなもので、非常に継続性が強いものであり、それは地勢的に決定されてしまうことが多いのです。しばしば「新航路外交」は戦争を招いていること、参謀本部の計画には理由があることに留意すべきでしょう。

第6章 戦争はなぜ起きるのか

50 真珠湾攻撃はルーズベルトの陰謀か

私たちは、歴史的大事件が政治家の失敗や偶然によって引き起こされたのではなく、背後に糸を引いている人物がいる、または陰謀勢力があると考えがちです。そして通説を誤りにすぎないとして、「真実はこうだ」「事件の背後にある勢力がある」「当事者が自ら仕組んだ陰謀だ」というのが陰謀史観です。真珠湾攻撃についてのルーズベルト陰謀説は、明らかにその一例です。

陰謀の筋書きを百パーセントデマに違いないと証明できないところがミソですが、大部分はデマとみなすべきでしょう。陰謀史観の条件とは次のようなものです。

① 「当局の見解」または「公式的な説明」を虚偽と主張する。
② 陰謀の筋書について、主張者の自国以外、まともなものとして取り上げない。
③ 陰謀当事者（政治家）は、陰謀が発覚することはないと信じきって行動する。
④ 主張者は陰謀当事者（政治家）を嫌うか憎んでいる。

陰謀史観の多くには情報部員なりスパイなりが介在しており、場合によってはスパイ自身の回顧録があります。ただし出所の疑わしい史料や想像にもとづいており、宇宙人の地球来訪説と非常によく似ています。もちろん、主張される事実の裏づけが取りにくいのが一般的です。

当然のことですが、責任政府の情報当局が、情報取得のため雇ったエージェントや暗号解読の実績を公開することはありません。情報当局は情報能力を公開する必要を認めないためです。破壊工作に従事するエージェントについてはさらに公開しません。

イギリスのダイアナ妃が交通事故で薨去《こうきょ》しましたが、すでにたくさんの陰謀説が出ています。一例としては、周辺にいた人物の多くがＭＩ６と呼ばれるイギリス情報機関のエージェントであり、ＭＩ６を左右できるチャールズ皇太子こそ、真犯人だというものです。面白いことに、イギリス国民の相当数がこれを信じています。しかし、ＭＩ６がエージェントを公開するはずがなく、チャールズ皇太子がダイアナ妃の暗殺を企んだとして、どうして陰謀が発覚しないと確信をもつことができたんでしょうか。

ケネディ大統領の暗殺事件についても、現場付近にはＣＩＡ・犯罪組織・キューバなどのエージェントがたむろしていたとされ、後任のジョンソン大統領からキューバのカストロ首相まで疑われている始末です。

二〇世紀において、戦時を除いて、大国が敵対国の重要人物の暗殺を命じたことも、まして成功・不成功についても、記録のうえでは残っていません。サラエボ事件や張作霖爆殺事件で、セルビアや日本の公務員または国軍将校が関係したのは事実ですが、国家の正式な意思決定機関を通じたものではないことも確認されています。

陰謀史観にもとづく小説や架空戦記にもっとも多く登場する「戦争開始決定の背後にスパイあり」というのは、大戦争では成立しません。大戦争が開始される攻撃作戦計画発動の決定には多くの場合、君主、政治家、軍人が合議のうえ参画しており、そのうちの一人が独裁者であっても、記録には残るものです。

スパイに限らず、背後で糸を引く人物が買収などの手段により、独裁者などに影響を与えた形跡もありません。買収されるような人物が独裁者になることがあっても、独裁者になれば買収されることはまずありません。

51 『帝国主義論』を読む

社会主義者の戦争論は、特定の階級（職業集団）すなわち資本家階級（経営者・投資家および都市生活者など、経営者に支配されているとみなされる人々）が戦争を引き起こすという点に特色があります。

ドイツ社会民主党の論客は、「資本家（この場合、メーカーの経営者＝産業資本家）が海外に市場を求めることが原因だ」と説きました。それを実証する史料の欠落を無視すれば、正しい意見であるかのようにみえます。しかし論旨から考えるなら、植民地政府や現地人が重化学工業製品を求めることはまずなく、繊維製品など消費財が中心となります。

これでは、第一次大戦の説明にはなりません。ドイツがベルギーに侵攻することによって、一体、市場が得られるのでしょうか。ドイツにとり最大の貿易相手国はイギリスであり、また中心となる輸出品は重化学工業製品でした。お客さんの国と争いをおこしてみても、どうなるものでもありません。

当時、ヨーロッパ五大国の貿易量は、五大国の間が圧倒的でしたが、GNPに占める貿易の割合は、現在と比べて大きなものではありません。この矛盾に気づいたレーニンは、第一次大戦中に産業資本家仮説をすて、「銀行家（金融資本家）が戦争を起こす」という説に飛びつきました。これが有名な『帝国主義論』です。

この説は、レーニンがその本の中で説明している通り、自身の発案になるものでなく、イギリス自由党の論客ホブソンによってはじめて説かれました。

内容は、銀行家が投資先を求めて政府に圧力をかけることが戦争の始まりだというのです。この当時、戦争は経済が原因だとする説が英米の大学などで説かれ、喝采を浴びていました。多くは自由主義（リベラル）の流れを汲んだ人々がこれに賛同しました。

その底には、日本・ロシア・ドイツなど戦争当事国を、プラグマティズム（実用主義）

的な正義感で裁くという単純な動機があります。

唯物論とプラグマティズムは、「人間は経済人なり」という根っこが共通します。戦前にエール大学教授をつとめたプラグマティスト朝河貫一は、人口増＝食糧難にあえぐ日本が、満州にトウモロコシ栽培の可能性をみて日露戦争を起こしたのだと説いています。飼料穀物農家が多かったアメリカ人の俗耳《ぞくじ》には入りやすかったのでしょう。

ホブソンの説の中身も同じようなもので、ロンドンにあるマーチャントバンクが債券引き受け業務を営んでおり、引き受け手数料の増強を夢見て、イギリスの政治家に植民地拡大を強要したというものです。

昔も今も同じですが、イギリス首相職は多忙であり、日中の活動について詳細な記録が残っています。一方、マーチャントバンクとは中小証券会社であり、さまざまな債券を引き受け（いったん買い取り）、それにわずかな引き受け手数料を乗せて、アメリカの中西部のローカル銀行に売却するのを主たる業務にしていました。

マーチャントバンクの頭取がイギリス首相に面会を求めて断わられるのは、今も昔も同じです。ホブソンはロンドンの金融界に知己がなかったため、このような乱暴な論を吐いたわけです。もっとも、銀行家がたいしたこともない業務を秘密めかして語るのは、どこの国も同じです。レーニンの『帝国主義論』とは、このように荒唐無稽なものですが、それを真顔で受け取った男がドイツのミュンヘンの兵営にいました。

52　ヒトラーはなぜユダヤ人を嫌ったか

ヒトラーの『わが闘争』の中には、半生を記した部分があります。それによると、ウィーンで放浪画家の生活をおくっていた時、反ユダヤ運動の影響を受けたとしています。ところが、ウィーン時代をともにした友人の回想録には、ヒトラーにはユダヤ人の友人が数多くいたと、反対のことが書かれています。

当時、ユダヤ人はドイツ語を喋る非キリスト教徒白人であり、またオーストリア＝ハンガリー二重帝国の中で、ドイツ人とは都会に住む、ドイツ語を喋る人々でした。ユダヤ人は都会に住む低所得者であり、ヒトラーと似た境遇にありました。ヒトラーはむしろユダヤ人と共感できたはずです。

なぜヒトラーは、反ユダヤ思想をウィーンで形づくったとウソをついたのでしょうか。それはヒトラーの思想がウィーンではなく、第一次大戦終了直後のミュンヘンで形成されたからです。すなわちヒトラーが三〇歳の誕生日前後の、ある出来事のためでした。

ヒトラーは復員してからのちも軍隊に残ろうとしました。当時のドイツ軍兵士の給与は教員の二倍ほどあり、悪い職業ではなかったためです。ちなみに、同様のことは日露戦争終了後の日本でもありました。

この時、ミュンヘンは共産革命の真っ只中でした。ミュンヘンはバイエルン王国の首都であり、プロイセンを中心とする北ドイツとは政治的環境が異なっていました。そして分離＝独立主義者の政権が倒れると、短い期間、共産主義者がバイエルンの政権をとったのです。

『わが闘争』は、この革命についてほとんど触れることがありません。しかし第二次大戦後まで生き残った、わずかな数のミュンヘン革命参加者の言によると、ヒトラーは赤い腕章をつけて、革命側に与していたとされます。

それは目立つものではなく、穏健《おんけん》な側にいて、大部屋に寝泊りして本を読むなり、ビラの配布をするなりしていました。ヒトラーは未来に至る思想をそこで、共産党の宣伝本から受け取ったようです。それがレーニンの『帝国主義論』です。

戦争の背後に国際金融家がいるというレーニンの陰謀史観は、ヒトラーには説得力があるものと映りました。なぜならば、ヒトラーは国際金融家をユダヤ人と重ね合わせたのです。当時、ドイツが敗北した理由として「背中からの一刺し」だという説が語られていました。野戦軍が敗北したのではなく、銃後にいた政治家や資本家が連合国に勝手に降伏し、ドイツを敗北に追いやったという見方です。

ドイツ人は、ヨーロッパ最強であったはずのドイツ軍がなぜ敗北したか納得できず、ユダヤ人に敗戦のスケープゴートを見出しました。ヒトラーは、この敗戦を認めることができないドイツ人の気分を、レーニンの陰謀史観と重ね合わせたのです。

この思想遍歴を公開するわけにはいかず、『わが闘争』ではウソをつくことになりました。一九三九年九月、ポーランド侵攻直後、英・仏は集団安全保障を履行《りこう》するためドイツに参戦しました。ヒトラーは、その英・仏の決定の背後にはマーチャント・バンクを繰るユダヤ人がいるとみなしました。陰謀史観が、ナチスの残虐行為に直接関連していることを直視すべきでしょう。

53　資本家が戦争を引き起こす？

これまでの項目で説明したように、レーニンの書いた『帝国主義論』は、古くからある「背後で糸を引く人間がいるに違いない」の類いであって、史料などによる裏づけは全くありません。

レーニンの『帝国主義論』とは別に、アメリカ人の主張する「帝国主義論」がありま す。その内容は、古い君主制のヨーロッパ諸国は近隣への領地拡大を目指すことを国是《こくぜ》としており、その利害衝突が一九世紀から第二次大戦までの戦争の原因であるという考え方です。こちらの方は、資本家が戦争を引き起こすのではなく、古い体質の君主が、単に自らの名誉欲のようなもので引き起こすとします。

共和制のアメリカは、第一次大戦でも第二次大戦でも領土を求めることがなかったので、そこから来る批判のようなものが、この説の基盤にあります。しかし君主制批判・封建制批判を根底におくこの説が、正しいとは思えません。

一九世紀に入ると、君主制はもはやアメリカ人の想像するような独裁的なものではなくなっていました。一八四八年のヨーロッパ主要都市を襲った自由主義者による革命の結果、ドイツ（プロセイン）とオーストリアはそれまでの絶対王制を修正し、立憲君主制に舵を切りなおしました。

ヨーロッパ五大国のうち、議会を無視して君主が内政・外政を支配できる国はロシアのみとなりました。英・独・墺では、外政も含めて内閣が責任を負う形が成立しており、君主は内閣を無視して政策決定ができなくなっていたのです。

一九世紀の君主は、中世の封建領主の感覚で領土拡大を目論むことなどできなくなっていたのです。それでも、この「背後で糸を引く人間がいるに違いない」という考え方は、人々の心の中からは容易に消せません。君主や自分たちが選挙で選んだ政治家を、とくに悪漢《あっかん》とみなせなくなると、声の大きい社会主義者が憎んであまりある資本家が戦争の元凶だとなります。

それでは、一九世紀の資本家とはどのような存在でしょう。現在のように投資家と経営者が分離される前、資本家とは家族経営者のことでした。やがて企業規模が大きくなるにつれて相続資産が分割され、また相続税納付などにより、株式が年金基金や生命保険会社に売却されます。

この変化は徐々に起きるのが普通です。この状態を日本の学者は金融資本段階といってみたり、国家独占資本主義段階などといってみたり、言葉だけ大仰な説明をおこないますが、ただの相続税と子沢山の所産です。第一次大戦でも第二次大戦でも、この変化はまだ起きておらず、先進工業国では家族経営が主流でした。

ではドイツにおいて、戦争開始に関連する部局としての外務省・軍部と資本家の関係はどうだったのでしょうか。軍需産業や鉄鋼業を率いるクルップ家を例にとれば、その社会的地位は驚くほど低いのです。宮中晩餐会などに招かれることがあっても、その序列は陸軍の新任の中尉よりも低かったといわれます。

歴代当主は娘をユンカー（元来は規模の小さい荘園をもつ世襲貴族ですが、一九世紀には零落《れいらく》して、多くは職業軍人になっていた）の嫁にやるのに腐心《ふしん》していました。このような状態で、皇帝や首相に影響力をふるうことができたでしょうか。

日本においても戦間期、三井・三菱などの財閥は、さまざまな産業で大きな持ち株比率を占めていました。それでも、まず宮中に招待されることなどなく、受注狙いでしょうか、陸海軍で将官となった人物には必ず付け届けをしていたといわれます。

54 アメリカは石油のために湾岸戦争やイラク戦争を始めたのか

戦争には膨大な費用がかかるものです。戦争に勝利したとしても金銭的に収支があうものでは絶対にありません。それは戦争を仕掛ける国の指導者も十分にわかっており、そのうえで戦争を始めるのです。

人間がすべて金銭づく、物質づくで動かないため、人間社会の予想は難しいのです。現代のジャーナリストでも、その唯物論的な信念のためか、または物質主義者の本領のせいか、国家が戦争を金銭づくで始めると疑わない人物があとをたちません。これは全く理由がないことです。

イギリスは第一次大戦に参戦する時、グレイ外相は議会演説をおこない、政府方針を議会に問いました。その時の演説の一節です。

「一方、我々は戦争に参戦してもしなくても困難に陥る。外国貿易は停止することになろう。通商ルートが阻害されることによってではない。相手側の貿易産品が消滅するからだ。大陸諸国は全人口、全エネルギー、全資力をあげて戦争に突入し、平和時における通商を営むことはできなくなる。我々が参戦してもしなくても同じことだと思う」

三時間半にわたるこの演説は、英国憲政史上で最も有名なものの一つですが、グレイは経済についてこれだけしか触れていません。そのうえ参戦してもしなくても、経済的には困難になる点で同じだとしています。

イギリスにとって、最大の貿易相手である独仏との通商が大部分途絶《とぜつ》することを考えれば、経済的困難は当然のことです。中立国の輸出による戦争利得とは、輸出相手国が十分な外貨準備をもち、そして結果的にその相手国が勝利しなければ、利益を得るのは難しいのです。

そもそも参戦国が、経済的に有利だから参戦するというのは、極めておかしな議論です。根底的な疑問として、生死にかかわる戦争に飛び込む時、「金の計算などしていられるか！」が普通ではないでしょうか。各国とも、参戦を決定する閣議に蔵相が呼ばれることはまずありません。

首相や外相も、「背後の糸」などに影響されず戦局（見通し）についてのみ心を集中し、判断します。戦争を仕掛けた国、または先制攻撃を受けずに参戦した（集団安全保障）国が、成算なくしては戦争に飛び込まないのは例外のない真実です。

グレイ演説の趣旨は、ベルギーへの中立侵犯があれば、ベルギーに集団安全（中立）

保障を与えているイギリスは参戦することになるというもので、議会はおよその了解を与えました。

第一次大戦勃発時、イギリスの他に戦争参加・不参加のオプションがあったのは、ドイツとオーストリアだけにすぎませんでした。ロシア・フランス・ベルギー・セルビアは、金勘定をする前に敵軍が国境に殺到していたのです。

イラク戦争においても、アメリカは石油目当てで戦争を始めたとの声があがりました。これも根拠がありません。原油価格とは、当時一バーレルあたり二五ドル程度のものです。イラクは一日四〇〇万バーレル程度の輸出能力がありますが、それでも年間収入は二兆円程度にすぎません。アメリカは戦費だけで一〇兆円を使ったといわれます。そのうえアメリカは別に基金をつくり、石油代金をプールして復興代金にあてると宣言しています。

金目当てに戦争を始めるとは、イギリスの自由主義者とレーニンの合作の理論ですが、今なお主張されることについて、むしろ理由を考える必要があるのかもしれません。

55　軍人は好戦的か

かつてチャーチルは「陸軍のもっとも豪胆《ごうたん》な将軍、海軍のもっとも毅然《きぜん》たる提督、空軍のもっとも勇敢な将軍を集め、作戦計画をつくらせたら、どうなるか。この世でもっとも臆病者がつくるとしか思えない計画案しか出てこない」と言いました。

この理由はチャーチルがいうように、将軍たちが臆病だからではないのです。少なくとも過去の戦争について、もっともよく知っているからなのです。軍人は政治家に戦争を命令されても、なかなか従おうとしません。場合によっては、反対をつらぬくため戦争を命令した政治家をクーデターで追い落とすことすら考えます。

一九三八年、ミュンヘン会議に臨むヒトラーの背後には、もしチェコのズデーテンへの軍事行動を命令された場合、クーデターまたは抗命しようとする将軍たちがいました。のちに第二次大戦の東部戦線で大活躍することになる将軍マンシュタインはニュールンベルク裁判で次のように語っています。

「もし戦争が出来《しゅったい》した場合、西部国境もポーランド国境も効果的に防衛できなかっただろう。そしてチェコ軍が全力をあげ、国境周辺の山岳地帯で防衛した場合、我々はそこで食い止められたに違いない。その時、効果的に突破する手段をもっていなかった」

この意見は特殊なものではなく、軍指導部のカイテル、ヨードルや、抗議のため辞職したとみられるベックも同じような証言をしています。ヨードルは、西部国境にフランス軍は一〇〇個師団配備できるが、ドイツ軍は現役五個師団、予備七個師団にすぎず、西部国境地帯における要塞設備は、ただの建設現場にすぎなかったとしました。

このドイツの将軍の見方を支持する歴史家はいまだに多いのですが、ミュンヘン会議の時、重要な点は、すでにポーランドやスロバキアがドイツと同調する構えをみせていたことです。これでは、チェコと同盟関係にあったソ連は介入できません。

動員可能な師団数をみればドイツ九六個師団程度、対するフランス一〇三個師団、チェコ三四個師団でした（数字はすべて予備師団を含む）。また、イギリスは一カ月以内に六個師団を大陸に送ることが可能でした。

しかしフランスもチェコも、ドイツに侵攻できる攻勢作戦計画をもっていませんでした。さらに、ドイツの徴兵可能人口はフランスの倍もありました。ドイツは時間が経つにつれ、新編師団をつくることができますが、フランスはできません。ドイツの将軍のいう西部戦線に一二師団しかおけないという論は、チェコ国境にドイツ軍が敵の三倍近く兵力配置をした前提にもとづいていました。

将軍の考える部隊配置とはこのようなもので、絶対勝利できる部隊をまず主敵に向けて、それで勝てるかどうかという計算しかできないことが多いものです。ドイツの将軍の場合、チェコやフランスの作戦計画や主敵を誰に設定するかなどを判断できないため、部分に片寄った専門的な判断しかできないわけです。

将軍とはそういったもので、「絶対に勝利できる」と納得しない限り、戦争には賛成しません。マンシュタインの独ソ戦についての回想録の名前は『失われた戦争』というものです。ヒトラーが口出しをせず、将軍たちに任せれば勝てるという内容です。ありそうもない話です。

56　統帥権の独立が軍部を暴走させたか

統帥権《とうすいけん》は、君主が軍隊を直率すべきであるとして生まれた権能《けんのう》です。明治憲法第一一条に「天皇ハ陸海軍ヲ統帥ス」とあるため、第五五条第一項の「国務各大臣ハ天皇ヲ輔《ほ》弼《ひつ》シ其ノ責ニ任ス」の輔弼が統帥権に及ばないと解されたのです。この憲法をつくった伊藤博文は、条文解釈のため浩瀚《こうかん》な『憲法義解』を著しました。伊藤は、そのなかで輔弼については、個別国務大臣が天皇の大権である国政について助言をおこない、その責任をとること、としています。

よく誤解されますが、明治憲法においても現行憲法とほぼ同じく、行政については、内閣に属する国務大臣が総理大臣の指揮のもと、「助言と承認（責任）」をもって、執行することになっていました。文言が「輔弼」であるため、天皇が閣僚の助言を無視することも可能ともとれますが、同時に天皇は国政の責任を負わないとしていることから、実際のところ無視することは憲法上できない、と伊藤博文は了解していました。

明治憲法と現行憲法の間に、「行政について」の差はほとんどないのです。すると、(内閣から独立した)統帥権の有無が最大の問題になります。

ロンドン軍縮会議(一九三〇)において、海軍軍令部長の加藤寛治が補助艦艇の対米比率七割を主張し、帰国後、帷幄上奏《いあくじようそう》を試み更迭された事件がありました。北一輝に扇動され、「統帥権干犯《とうすいけんかんぱん》」を叫んだものですが、明治憲法一二条、「天皇ハ陸海軍ノ編制及常備兵額ヲ定ム」を根拠にしたものです。

この条文は、編制及び常備兵額の決定が議会と関係がなく、内閣で決定されることを述べたものであって、軍令参謀本部が当たるとされる統帥権(Military Command)とは何の関係もないのです。加藤や北がどうしてこのような乱暴な説を述べたか、謎が残ります。

さて、本来の統帥権となると、内閣の指揮が及ばないと解するべきですが、この場合、統帥権の範囲が平時における軍隊の指揮権まで及ぶかという問題があります。明治憲法をつくった伊藤博文が考えたのは、明らかに戦時における作戦について意図を秘匿《ひとく》せねばならないということでした。これは当然のことで、部隊の移動が敵に知られ、待ち伏せをくらってはたまりません。

イラク戦争においても、自衛隊の行動予定について新聞記者は知る権利があるという意見がありましたが、テロリストの待ち伏せを考慮すると、できないことは明らかです。同様に、作戦計画や新兵器の開発について議会で討論することは、かなり困難です。

一方、戦争を仕掛けるとなれば、内閣の提案を受けて議会の予算案議決を経ることは当然であり、その時、作戦計画の是非が、開戦するか否かに影響することも当然です。法理的には、統帥権は戦争が開始されたあとの軍隊の作戦行動に関することに限定されるとみるべきでしょう。

この開戦の提案権について、戦前の軍部は戦略出兵と政略出兵に分け、あたかも軍部に戦争の提案権があるのが当然だとしたわけですが、これは明治憲法を歪めた解釈だったというべきでしょう。

現在の新聞は自衛隊の海外派遣のつど、「政治家に翻弄《ほんろう》される自衛官は気の毒だ」と書きます。これでは、「軍隊は政治の外にあるべきだ」とした戦前の軍部と変わるところはありません。軍隊が、政治決定や政治家に従うことは当然であり、選挙で選ばれた議会、わが国では、議会で選ばれた内閣総理大臣に従うのが国軍の本旨です。新聞記者、評論家や革命家に翻弄される軍隊は、もっと気の毒としか言いようがないのです。

プロイセンでは、陸軍が常に海軍に優先するとされていました。戦前の日本に法理上、プロイセンのような統帥権があったかといえば、それも疑問です。なぜかといえば、統帥部として陸軍参謀本部と海軍軍令部の二つがあったからです。天皇の軍事アドバイザーが陸海軍対立で機能せずというのは、あってはならないはずでしたが。

57 テロは戦争の原因になる

外国からテロを受けたならば、国家が何かしなければいけないのは、国内の宗教団体がテロを実行した時、国家が何かしなければいけないのと同じです。テロ実行犯が犯行声明を出すことはよくありますが、「A国の使嗾《しそう》により犯行に及んだ」などと特定国を名指しすることは極めて稀です。このため、まず国内司法が捜査にあたり、原因を究明することになります。その結果、確固たる証拠が得られた場合、もしくは心証を得られた場合、テロリストまたはテロリストをかくまった国に対し「間髪を入れずに」攻撃することは、先制攻撃に対する反撃すなわち防衛戦争とみなすべきでしょう。

問題となるのは、テロリストの背景となる国を特定するのが遅れたり、テロリストと国家の関係があるにはあっても、説明が迂遠《うえん》にならざるを得ない場合です。このような時、テロへの反撃が常に防衛戦争と認定されるかといえば、疑問とせざるを得ません。

国家指導者の私兵、宗教集団、国軍の中の秘密結社や革命政党など、国家の意思が関係しているのは確実ですが、あるクッションがかかっている場合が多いためです。

こういったケースは、独裁国家でなく民主国家でも発生し、とりわけテロを顕彰したり、過去においてクーデターが成功した国では、「抵抗権」などと美名がつけられ、とめどもないテロや暴力犯罪の泥沼に陥ることは少なくありません。また時間が経ちすぎていれば、他国に「何を今さら」という印象を与えるのは否定できません。

中世では、こういった曖昧なテロに対して、各国はビザンチン外交で対処したことがありました。ビザンチン外交とは、外交における結果主義に他なりません。すなわち自国民が誘拐されたならば、テロリストをかくまっていると心証を得た国家の指導者を誘拐し、その交換を求めることです。隠密裏にテロにあったならば、同様に隠密裏にテロを仕掛けることです。

ただし、啓蒙主義の時代に入ると、こういったやり方は野蛮ではないかと見られ始めました。かつて北朝鮮の金正日の子息が不正パスポート使用で逮捕された時、これをもって外交交渉をおこなうべきだと、一部で主張されました。これも予期せぬビザンチン外交というべきであり、啓蒙主義の国にできることではありません。

かつて、レバノンでパレスチナ・ゲリラを名乗る集団に各国の外交官が頻繁に誘拐される事件が起きました。この時、ソ連はゲリラ数人を誘拐しかえし、取り戻すことをしましたが、西側諸国は、こういったことはやはりできなかったのです。

現在のところ、外国によるテロにあっても有効な手段はありません。戦争に訴えても被害が少ないと見込まれた場合に限り、軍事力を行使するという選択肢しかないのが実情でしょう。各国ともテロ国家に打撃を与える方法を模索していますが、国際協調による経済制裁など、実効性の乏しい手段に限られているのが現状です。

58 テロの連鎖または報復合戦は実在するか

暴力は暴力を招き、テロがテロを呼ぶ、とよく言われます。これは真実ではありません。イスラエルとパレスチナ・テロ組織のテロとテロ討伐の繰り返しに関連して、よく語られるのですが、これ以外であてはまるケースがあるとは思えないのです。

イスラエルがなぜ、テロを根絶できないかといえば、入国審査を厳重にできないためです。イスラエルはユダヤ教を中心とした宗教国家ではなくて、多数の宗教の混在を認める国です。この側面は、周辺のアラブ諸国がイスラムをもって国教としているのと大いに異なります。このイスラエルの国内宗教政策は建国時に遡ります。

一九一七年、イギリス外相バルフォアがロスチャイルド家を通して、シオニスト団体にパレスチナに国民的地区（ナショナルホーム）をつくることを認める手紙を出状《しゅつじょう》したことが、イスラエルの建国のきっかけになりました。この手紙はバルフォア宣言と呼ばれ、次のようなものです。

「国王陛下の政府はユダヤの人々のためパレスチナに国民的地区（A National Home）を樹立することを好意的にみなします。そしてその目的の達成のため最大限の努力を払うものとします。それはパレスチナに住む非ユダヤ系の人々の公民権と宗教的権利を侵害するものではなく、また他の国に居住するユダヤ人が享受している諸権利および政治的地位を排斥するものではありません」

バルフォアの文章は、イギリス保守党きっての碩学《せきがく》といわれるだけあって、短いながらも含蓄《がんちく》に富むものです。このうち最大の問題となったのは国民的地区（A National Home）で、定冠詞もなく、ホームであってステートではありませんから、政府樹立が可能か否かも、この文面からだけでは判断できないのです。

ところが、後段は明瞭であって、パレスチナに住む非ユダヤ系の人々を排斥しないことを定めています。この手紙を得たユダヤ人も、その後のイスラエル政府も、現在までこの約束を守っているのです。このため、イスラエル国内のアラブ人（イスラム教徒）は人口の三割を占めており、公民権上の差別はありません。

イスラエルから出て行った人々は（政治的迫害を受けた）難民ではないとするのが、

イスラエル政府の公式見解です。イスラエル以外でもパレスチナの地であれば入植してもよいとするのが、キブツという名でもって国外に居住しようとするユダヤ人の理屈です。要するにイスラエルはアラブ人の入国は拒めず、国内のアラブ人に差別的行為ができないのが建前の国家なのです。

このため、国境線に鉄条網と地雷を敷き、要塞のような国家をつくることができません。テロリストはかなり自由に国内に入国でき、テロ事件を根絶できないのです。もし国家が、安全地帯をもたないテロリスト組織を根絶しようと思えば、日本の警察が「オウム真理教」に加えたように、根こそぎ検挙し息の根を止めることは可能です。ところがイスラエルは、それが簡単にはできない国家なのです。

59　クーデターはなぜ連鎖するか

クーデターが絶えることがなく、テロや街頭での集団暴力行動が頻発する国の代表例は韓国でしょう。テロについていえば、現在の韓国政府は、伊藤博文を暗殺した安重根をいまだにソウルの南山に英雄として顕彰しています。これは「独立の志士」としての顕彰ですが、安の行動がどう独立につながったのか疑問とせざるを得ません。

分離＝独立運動はテロしか方法がないということも、韓国が顕彰する理由なのかもしれません。しかし、イギリスと自治や独立をめぐって争ったアイルランドも、テロ実行犯を顕彰するまでには至っていません。多くの共産主義国家は「赤色テロル」を肯定していたので、革命前のテロリストを顕彰することは普通だったのですが、ロシアはソ連の崩壊以降、取りやめています。

韓国の異常さはこれに留まらず、先進工業国ではみられなくなった火炎瓶や鉄パイプをもった集団暴力行為が、いまだ頻発《ひんぱつ》しています。実行の主体は、学生・労組員・退役軍人などさまざまですが、当局は断然たる取締りができないのが実情です。

金大中政権は、光州事件で蜂起した学生や労組員を軍隊が弾圧したことを、国家として反省すべきだとしました。

これは正しいことでしょうか。この時、学生は武装するため韓国軍の武器庫を襲撃しているのです。いかなる国家の軍隊も警察もそういった行動に対し反撃に出ることは自明ではないでしょうか。

いずれにせよ、韓国人は一九六〇年の「学生革命」により李承晩政権が倒されたと「歴史認識」しており、李承晩が大統領三選禁止規定に違反し、議会からも見放され、自主的に退陣したという側面、およびその一年後、クーデターにより朴正熙が政権についた側面を意図して無視しているのです。これでは、街頭デモなどの暴力行為やクーデターを肯定的に受け止めてしまうことになります。

こういった歴史認識は韓国に留まらず、セルビアなどにもみられます。セルビアでクーデターにより王制が倒されたのは一九〇三年に遡りますが、この時のクーデター首謀者は、一九一四年のサラエボ事件の主犯と同一人物です。その後、ユーゴスラビアのチトー政権は、これに関与した暗殺犯などを顕彰し、こういった行為が正しいとの「歴史認識」をセルビア人はもつようになってしまったのです。

チトー後継のミロシェビッチ政権のもとで、セルビア人はコソボで民族浄化運動をおこない、その後もミロシェビッチが創設した政党が第一党であり、かつ軍部にテロ秘密結社がいまだに残存しています。

韓国やセルビアのケースによって、クーデターの成功やテロの顕彰がいかに社会を歪めるかがわかります。一九四五年以降、内乱で大量の死者を出したのはユーゴスラビアと韓国、北朝鮮だけです。韓国やセルビアはクーデターとテロの両方が連鎖している特別なケースであって、片方だけの場合は中南米諸国に数多く例があります。

テロの連鎖は、テロリストと取締り側の連鎖ではなく、取締り側が徹底して取り締まることができないため連鎖する、すなわちテロリストの跳梁《ちょうりょう》を防止できないのにすぎません。

60　偶発戦争などない

偶発戦争とは、核兵器やミサイルが発達してから出てきた概念です。誰かが核ミサイルのボタンを誤って押し、その結果、ある大都市を破壊された側がそれに反撃し、大戦争になるというシナリオです。

これは完全に架空の出来事です。というのは、誰か（一人の精神異常者）が一国全部の核ミサイルを発射できる体制にはまずなっていないうえ、ミサイルの発射にも相応の準備が必要です。そのうえ、現代では首脳相互のホットラインができており、たとえ一都市が不幸な結果になったとしても、指導者は自制することができます。

これ以前の時代でも、偶発戦争は存在しません。ミサイル時代前の偶発戦争とは、国境地帯の小部隊が相手側の国境警備隊などと小競り合いを起こし、それがエスカレートして大きな戦争になるというものですが、これも全く論拠を欠いた議論です。

なぜならば、エスカレートするためには部隊を呼ばねばなりません。その場合、近代軍であれば、戦略単位（自己完結的に作戦を起こせる部隊。日本では師団）で部隊を動かさねばなりません。ところが、国境警備隊のような臨時編制のパトロール部隊以外、平時の軍隊には実弾すら支給されていないのです。

重火器・実弾などは伝票をもって武器庫に取りにいくわけですが、この際、戦略単位の長（日本の場合、参謀長の副署も必要）の了解が必要です。第二次大戦前、戦略単位とは日本とアメリカでは師団、英・仏・独・露などヨーロッパの陸軍国は軍団（おおむね二個師団を合わせたもの）であり、師団長なり軍団長の許可がいるわけです。

各国とも暴発を防ぐため、軍団や師団には参謀長が任命されており、緊急避難にあたる軍事行動を起こすような場合は、参謀長の副署も必要でした。しかも英米を除いて、師団長や軍団長に参謀長の人事権はありません。このように軍隊とは、個人の独走が極めて起こりにくくなっているのが普通です。

偶発戦争といえば、支那事変における盧溝橋《ろこうきょう》事件を思い出すかもしれません。盧溝橋事件は確かに偶然発生しました。実弾演習中の部隊と軍閥（二九路軍）とが、たまたま喧嘩を起こしたものです。

しかし、このあとの華北における情況は、日本軍（正規軍）と中国政府の統帥に服さない二九路軍が対峙しているのにすぎず、日本軍は攻勢作戦計画を発動させていないのです。この限りにおいて、二九路軍も日本軍に勝利する見込みがないことは自覚しており、攻勢に出ようとしていません。

作戦計画にもとづき、先制攻撃に出たのは蔣介石でした。蔣介石は、ドレスデン歩兵学校長だったファルケンハウゼンを長とする軍事顧問団をドイツから招聘《しょうへい》しており、彼らがつくった作戦計画を発動させたのです。

その計画とは、国府軍七五万人をもって、上海にいた日本の海軍陸戦隊四〇〇〇人を包囲する。すると、日本は陸軍を本国から増援部隊として送りこむだろう。国府軍はこの増援軍を内陸に引き込み、そこに準備してあったトーチカ地帯（ドイツ人の指導の下、約二万個を準備していた）で待ち受け、殲滅するというものでした。

第一撃をうつことが、防衛戦という変則的な作戦ですが、蔣介石の脳裏には、これしかないと映ったのでしょう。

第7章　戦争の勝敗はどう決まるか

61　勝ち負けのない戦争はあるか

国家間の全面戦争において、勝敗は必ずあります。しかし二〇世紀の後半になり、従来にはない、講和条約もなく休戦協定だけで戦争を終結させる型が現れました。それは、双方または片方が戦場を限定することを認め、休戦協定交渉時の戦線を休戦ラインとすることで妥協がはかられた場合です。

一般に戦争とは、当事国軍隊のいるすべての陸地および公海で戦われます。戦時海洋法では、交戦国は戦闘水域を設定し、中立国船舶にも停船を命じ、貨物を臨検し、戦時禁制品について仕向け地が敵国であれば押収することができます。二〇世紀の二つの世界戦争では、優勢な海軍力をもつイギリスが、この方法でドイツを海上封鎖しました。

ところが、優勢な海軍力を保有しても海上封鎖を嫌う国がありました。それは日本です。ノモンハン事件（一九三九）は、事件（Incident）と呼ぶのが一般的ですが、日本は一個師団半ほど、ソ連は四個師団ほどを動員し、双方二万人以上の戦死者を出す激戦が繰り返されました。ただし、両方とも戦場の拡大には慎重であり、満蒙国境のうちホロンバイル草原に限定され、満ソ国境の大部分は平穏でした。

もし、これが全面戦争だとすれば、日本海軍は地中海と大西洋・バルト海に向かい、ソ連の出口をすべて封鎖すればよいわけです。ところが両国とも、全面戦争に発展することを意図して避けました。

宣戦布告もせず、戦場を限定するような消極的な戦いぶりだと、戦争に勝敗をつけることは困難です。はじめから片方が、補給の策源地を占領するなり爆撃するなりの企画を棄ててしまえば、別の片方は常に絶対安全地帯に逃げ込むことができますから、全滅を避けることができます。こうなると、損害を多大にこうむったり不動産を失ったりしても、野戦軍司令官は容易に敗戦を自認しません。

参謀本部は、満州国という独立国家における関東軍の戦争ということで、日本の戦争とみなされない余地を残しておきたかったわけです。他方、ソ連はヨーロッパ正面にすでに火がついていました。結局、モスクワで外交官により停戦が決められ、現地軍同士が休戦ラインを設定することにより、戦火を終息《しゅうそく》させました。

同様の戦争は朝鮮動乱です。この戦争は北朝鮮が第一撃をうって南侵し、その後、アメリカ軍を中心とするＮＡＴＯ加盟諸国により結成された国連軍が介入し、鴨緑江まで進んだところを、今度は逆に中国軍が介入しました。

北朝鮮・中国合同軍は三八度線に塹壕を築き、たてこもり、戦線は膠着《こうちゃく》しました。休戦交渉がもたれるまで、両軍は鉄の三角地帯と呼ばれる地点で激戦を繰り返しましたが、戦場を朝鮮半島以外に拡大することなく、そのまま板門店で休戦交渉がもたれ戦火は終息しました。

この戦争がはっきりとした勝敗のつかなかった理由は、アメリカが中国軍の補給策源地の満州を攻撃できなかったためです。おそらく、ヨーロッパ諸国がソ連軍のヨーロッパ正面への突出を恐れ、中国領内への侵攻に猛反対したためでしょう。ベトナム戦争も同様で、アメリカは中国軍の全面介入を恐れ、地上軍を北ベトナムに侵攻させることを避けました。

このように戦場が限定されると、勝敗がつかない形になることが発生しますが、実は本質的な問題を解決できずに終了させたともいえ、戦いが長引くとともに、将来の大きな戦争への第一歩となることが多いようです。

62　戦争の勝敗はどのようにして決まるか

陸軍大学校の教科書とされる『統帥参考』の冒頭（第一）は次のように始まります。

「統帥の中心たり、原動力たるものは、実に将帥《しょうすい》にして、古来、軍の勝敗はその軍隊よりも、むしろ将帥に負うところ大なり。戦勝は、将帥が勝利を信ずるに始まり、敗戦は、将帥が戦敗を自認するによりて生ず。故に、戦いに最後の判決を与うるものは、実に将帥にあり」

このように旧軍は「将帥（野戦軍司令官）の戦敗の自認」をもって勝敗が決定されるとしました。そして「軍の勝敗」と表現していますが、実際には「戦争の勝敗」を意味しました。要するに、野戦軍司令官が「負けた」と思った方が、戦争に敗れたということです。

旧軍では、「将帥」とは参謀総長ではなく、野戦軍司令官に限定していました。なぜならば、第四に「将帥は事務の圏外に立ち、超然として、つねに大勢の推移を達観し、心を策按と大局の指導に集中し、適時適切なる決心をなさざるべからず」とあるからです。

「最後の判決」という表現を、文字通りにとれば、戦争の途中における和戦を決定する権能が将帥に与えられることになり、天皇に和戦の大権を与えた（実際には内閣による行政事項）明治憲法違反となります。統帥について補翼の任が与えられた参謀総長も無視されており、軍人の専権意識が突出しているといえます。『統帥参考』はこの種の表現に満ちています。

しかし野戦軍司令官が敗北を自認することにより、戦争の勝敗が決定されるという考え方に大きな誤りはありません。

それでは、野戦軍司令官はなぜ敗北を自認することになるのでしょうか。フランス軍事学では、イニシアチブ（旧軍は自由意志と訳した）を喪失した場合だとします。そして、イニシアチブとは一般に、攻勢作戦を実施できる余地をいいます。野戦軍司令官が、大会戦に敗れ、兵員の大半を失い、戦局の挽回を不可能と悟った、というのが典型的なケースにあたります。

ナポレオン戦争の時、君主のナポレオンは自ら馬上にあって全軍を指揮した野戦軍司令官でした。また一九世紀においても、中南米の戦争では、選挙または議会で選ばれた大統領自らが軍隊を率いました。

近代戦争では軍政分離が計られ、野戦軍司令官は君主や大統領と違い、政治的野心と離れた軍事リアリズムにもとづいた判断をくだすと期待されました。戦争を始めるのは君主や文民政治家ですが、ハーグ陸戦規定により、戦争を終結する、または敗戦に伴い「和を乞う」提案をするのは、野戦軍司令官または参謀総長の役目であるとされたのです。

戦争終結とは戦火を終了させることですから、野戦軍司令官同士が話し合うことが最も適切です。それと離れて、野戦軍司令官がイニシアチブを喪失し敗北を自認することが、戦争の勝敗を決めるという事実を認めたということです。

第一次大戦では、それまで休戦を頑《かたく》なに拒否していたドイツ軍参謀本部次長ルーデンドルフが、ドイツから休戦を申し込もうと主張しだしたことが、休戦協定成立の決定的なきっかけとなりました。第二次大戦のヨーロッパ戦線では、ドイツ軍総司令官でもあったヒトラーが自殺することにより、後継総統デーニッツは休戦を申し込みました。

太平洋戦争では、事実上戦闘の主体となっていた海軍がポツダム宣言の受諾に賛成し、陸軍省は反対、参謀本部は海軍・外務省に従うしかないということになりました。これでは野戦軍は敗北を自認したと解することができます。阿《あ》南惟幾《なみこれちか》陸相による終戦クーデターの企ては、まことに『統帥参考』に反したものということができるでしょう。

63　勝者は敗者を支配できるか

休戦交渉を申し込み敗北した側を、勝者はどのようにでも扱うことができるんでしょうか。これが不思議なことにあまり何もできず、敗北した側の了解なしには、何も執りおこなうことはできなくなります。なぜかといえば、休戦交渉の当事者として相手国政府を認めたためです。

第二次大戦は日本の敗北をもって終了し、マニラでポツダム宣言を具体化する休戦交渉がもたれました。その内容は、「米軍はどのように日本に進駐するか、日本側はどのように受け入れるか」でした。すなわちそれ以降、米軍は日本政府と交渉することなくしては、自由行動は一切できなくなったのです。

はじめの交渉内容は、米軍将校が厚木に降り立ったあとの、飛行場から横浜までのアクセスの確保と乗用車の手配でした。それ以降もこの形はつづき、米軍の移動予定はすべて日本側に事前通告され、それに合わせて警察官などが警備にあたるのが普通でした。占領側とすれば、それの方がより安全なのですが、休戦後に必ず生じる不思議な事態です。

では、休戦交渉の当事者として相手国政府を認めなかった場合はどうでしょうか。一九四五年五月以降のドイツにおいて現れました。敗北時、ドイツ国内はすでに軍事占領下にあり、ドイツに地方政府はあったのですが、占領軍はそれを認めませんでした。

こうなると、軍隊はそのまま軍政を敷くことになります。その場合、もっとも重要なのは治安維持であり、占領軍は夜間外出禁止令を出したのち、自ら司法、すなわち警察・検事・裁判を実行することになりました。ところが、占領軍は徴税組織をもちませんから、戦勝国本国の財政負担により、治安維持費用を負担せねばなりません。バイエルン州では、米軍が軍政を敷いたのですが、交通事故の訴訟《そしょう》までも米軍の軍事裁判所にもちこまれました。米軍は交通規則についてまでアメリカ法を適用としたので大混乱に陥り、原告と被告の双方から裁判所自体が訴えられることになりました。

戦時国際法や有事規則は戦争期間中のみ適用となり、占領軍といえども、そのあとは少なくとも占領地の民法には従う必要があります。すなわち徴発や徴用はもうできないのです。要するに啓蒙主義の下では、戦勝国の軍人であろうが戦敗国の民間人であろうが、占領地においては平等の関係です。

このように戦争が終了して敵地にとどまることは、戦勝国にとってメリットになることは何もありません。相手国政府が残存し、そこが軍民の受け入れに好意的な場合に限り、費用の点はともかく、居心地がよいことくらいでしょう。

日本人は占領のような事態において、名誉の観点からか、金銭負担を取り上げることを好まないようです。しかし、占領行政において費用負担について全く考慮しないことは、本国の納税者をないがしろにしているといえます。

東條英機は「（中国から）撤兵することは靖国神社の英霊に相済まぬ」と言って、支那事変の和平条件に奇妙なヒネリを加えました。和平とは撤兵を意味しますし、平時における軍隊の駐留とは、かくのごとく費用の点で占領者に理不尽なものです。日本が「撤兵」拒否という主張を取り下げなかった事態は、まことに不思議なことといわねばなりません。

64　戦勝国は領土を増やせるか

戦争に勝利し、講和条約で領土を増やすことができたとします。次に何が発生するかといえば、戦勝国の財政負担が増えることです。戦勝国は占領地域について治安維持責任を負わねばならず、そこを領土とすれば、地方政府、植民地政府、または保護国政府を立ち上げねばなりません。

占領地域の住民が新しい支配者に柔順であることは少なく、分離＝独立主義者が早速現れることになるでしょう。そこで新領土には、本国の財政負担により、相応の政府と治安維持組織をつくることになります。

ここまででも相当な負担です。その次に発生するのは、徴税組織を組成できるか否かという点です。これも、占領地が相当に生産性が高くなければ事実上不可能です。つまり農業の生産性の低い土地を奪ったところで、現地で生産される食糧は現地で消費されて終わりです。

これを避けるためには、現地政府を残し、そこに統治を任せて、軍隊の駐留経費はその政府に負担させればよいということになります。直接統治では、商工業が発展せねば大きな転嫁《てんか》は望めません。大英帝国はインドの大部分を藩王（マハラジャ）統治にまかせ、香港やシンガポールは自由港として、商工業の発展を期したわけです。

このほかに、本国からプランテーション経営をやる人間を連れてきて、現地人を雇用して労働集約型の商品作物を栽培させるという手がありますが、商品作物とは相場変動が激しく、現地政府の税収に寄与するなどのことはあまり期待できません。

領土の拡大とは、同じ国民意識をもった、すなわち最低でも言語が同一の人々が住む地域を統合する形をとらないと、本国の人々にとって有利なものではありません。なぜならば、距離が近く言語が同一であれば、本国と占領地の往来が活発となり、相乗効果が期待できます。

これにも例外があり、貧しい国が富める地域を併合した場合は、富める地域が繁栄を失うことは必至ですが、貧しい本国が多少向上する可能性は否定できません。さらに大きな例外として、占領地の住民の大半を殺害するか追放する手があります。一九世紀以降これをやった国はソ連（ロシア）と中国であり、現代ロシア人と中国人は、占領とはそのようなものだと考えている節があります。

しかし、そうした場合でも大量の難民が発生し、周辺諸国が混乱に陥ると同時に、こういったことをやる国家に重大な脅威を感じることになり、緊張が増すことは必至です。ロシアと中国は近隣諸国のいずれにも警戒され、その結果として国境警備隊を多量に配置するとともに、大量の兵員をもつ陸軍を平時においても擁《よう》しています。中緯度の国家で、現在こういった状態にある国境は、中国とロシアの国境以外ありません。

これに対し、ヨーロッパ各国や北アメリカでは、そのような緊張はもはや見ることができません。ヨーロッパ各国の国境線および米加国境、米墨（メキシコ）国境に防衛施設はほとんどなく、各国とも徴兵制度にもとづく総動員体制など、二〇世紀前半のものとして記憶の領域に入りつつあります。

ロシアや中国はいまだに過去の「帝国」の旧領を維持しようとしているわけですが、国民生活の向上という点に関連して重大な誤解をしているといえます。

65 戦争が終わると捕虜はどうなるか

ハーグ陸戦規定第二〇条は次のように定めています。「講和成立後可及的速やかに、戦争捕虜を帰国させなければならない」。

このように、戦争捕虜は講和条約成立後、帰国させねばならないと定められていますが、実際には休戦協定が成立した段階で戦争捕虜の帰国条項が入れられるのが普通です。日露戦争のポーツマス条約のように、休戦交渉よりも講和条約が先行した戦争の終わり方は異例で、普通は休戦協定が成立したあと講和会議が設定されます。

このため休戦協定が成立したあと、ただちに捕虜の相互返還がおこなわれます。第二次大戦を最終的に終了させたのは日本がポツダム宣言を受諾したことによるもので、事実上の予備休戦協定とみなすことができます。その中にも、捕虜の返還に関する項目（第九項）があります。

「日本国軍隊ハ完全ニ武装ヲ解除セラレタル後各自ノ家庭ニ復帰シ平和的且生産的ノ生活ヲ営ムノ機会ヲ得シメラルベシ」

この連合国の出した宣言に違反したのは、ソ連（日本人抑留者五五万人）と中華民国（同四万人）、およびそれを継承したとする中華人民共和国です。両国とも多数の日本国籍をもつ軍民を抑留し、強制労働につかせました。このうち、ソ連はエリツィン大統領が謝罪しましたが、中国はいまだに何らの謝罪もおこなっていません。

アメリカは日本を軍事占領し、一時期、日本政府の外交機能について制限しました。これは国際法上、やや疑義《ぎぎ》がある処置ですが、これがためソ連および中国政府に捕虜返還の外交交渉をおこなう日本の権能を、アメリカ政府が代行することになりました。現在に至るも、アメリカ政府はソ・中へ抑留解除の交渉をおこなったのか否か、十分には説明していません。このソ・中による抑留および虐待事件は、二〇世紀の戦後処理として最も恥ずべきものでしょう。

このような休戦後の捕虜と民間人の違法取り扱いは、一九世紀の戦争では、逆にほとんどみられませんでした。当時の雰囲気は互いに「武人」として遇しようというもので、勇敢に戦った将校はむしろ優遇されたものです。

日露戦争や第一次大戦でも同じで、互いに規範を尊重していました。とりわけ帝政ロシアの場合、一般市民を虐殺する例は多々ありますが、戦争捕虜について残虐に取り扱ったことは、無能による管理不行き届きを除いてありません。

ところが、共産政権樹立以降のソ連は全く違った対応をとりました。シベリア出兵における尼港《にこう》事件（ニコライエフスク事件、一九二〇）を筆頭に、内戦期間中においても、白軍兵士や民間人を捕虜とすることなく虐殺しています。

これは一九世紀の規範からみれば明らかに退歩です。そしてこれに影響されたか、戦間期の戦争――ハンガリー戦争（一九一九）、希土戦争（一九一九〜二二）、ソ連・ポーランド戦争（一九二〇〜二一）、チャコ戦争（一九三二〜三五）、支那事変（一九三七〜四五）、フィンランド冬戦争（一九三九〜四〇）では、いずれの交戦国も捕虜をとることをしませんでした。その極致は、第二次大戦の独ソ戦となりました。

66　平時に他国に軍隊を駐留させるコスト

軍隊の他国への駐留は膨大なコストがかかります。現在、陸上自衛隊は一〇個師団（他に三旅団、二混成団）ありますが、一個師団あたりの年間費用は一八〇〇億円近くかかるものと推定されます。一人あたり二〇〇〇万円弱であり、軍隊を維持することがいかに高くつくかわかります。

一九世紀後半のヨーロッパの植民地熱は、おりからの汽船による兵員輸送の有利さによってもたらされたものですが、それとて一個師団四単位編制（四個の連隊を基幹として、他に砲兵隊などを随伴する）三万人などという大軍を、本国から簡単には動員できませんでした。

すなわち多くの植民地戦争は、一個連隊四〇〇〇人程度の臨時分遣隊を編成して戦わせたものにすぎません。もちろん、フランスのアルジェリアやイギリスのアイルランド、日本の朝鮮半島には二個師団以上の兵力があったのですが、それらのケースは、いずれも海外県扱いとして、本国の一部のように取り扱われました。

この他には、イギリスがインドに三個師団おいたのが目立つ程度であり、ヨーロッパの熱帯植民地は本国に大きな負担を与えたものではなかったのです。イギリスのインド駐留師団は正面装備を除いて、兵員の給与や兵営の維持費は植民地の財政負担としていました。ところが以下のように、この大きな例外として帝政ロシアがあります。

第八軍管区　コーカサス　三個軍団
第九軍管区　トルキスタン　二個軍団
第一〇軍管区　オムスク　半個軍団（シベリア第一〇狙撃兵師団）
第一一軍管区　イルクーツク　二個軍団
第一二軍管区　プリアムール　三個軍団

このようにシベリア、コーカサス、トルキスタンと、一九世紀に入り実質植民地化したところに一〇・五個軍団、すなわち二一個師団を配置していました（第一次大戦直前）。

ロシアも、英・仏・日の海外県のような発想で多くの師団をおいたのは事実ですが、それと比較しても大軍といわざるを得ません。それはソ連時代になるとさらに増え、オムスク以東（第一〇、第一一、第一二軍管区に相当）に四〇個師団を常駐させています。日本の平時の戦力は一三個師団（日露戦争直前）にすぎませんから、帝政ロシアがオムスク以東に二一個師団をおいたことは、大きな圧力となったと思われます。

なぜ、帝政ロシアやソ連は、かくのごとき大軍を辺境の地においたのでしょうか。その理由は単純で、軍隊が警察を兼ねていたためです。ソ連の軍管区とは、行政単位である州を五つか六つあわせたものです。軍管区司令官は独自の判断で幕下の軍団から一部を抽出《ちゅうしゅつ》し、治安維持にあたらせることができました。これは近代国家としては珍しいことであり、軍管区司令官はいわば小さな国の軍隊を指揮していた観がありました。

第二次大戦後、ソ連は東ヨーロッパに衛星国をつくり、ワルシャワ条約機構軍の名目で、そこに軍隊を駐留させました。同様にアメリカも、ヨーロッパや韓国に定員が充足された師団を配置しました。平時において米ソ両国が外国にこのような大軍をおいたのは、人類の歴史上、異例のことです。

67　太平洋戦争と大東亜戦争という呼称問題

戦争とは普通、陸戦を意味します。その意味で太平洋戦争（一九四一〜四五）は、極めて特異な、海戦を中心とする戦いでした。その太平洋戦争について政府は戦時中、大東亜戦争という呼称を用いました。この用語にも特殊な意味が隠されています。

一九四一年一二月、戦争が勃発した時、陸軍は大東亜戦争、海軍は太平洋戦争と呼称すべきだと主張し、両者に対立がありました。結局、陸軍の主張が通ったのですが、なぜ陸軍がアジアを加えたかといえば、支那事変をこの戦争に加えたかったのです。

支那事変が始まって首都南京を陥落させたのですが、陸軍は近衛文麿ら文民から休戦協定締結を拒否され、八方塞がりの状態となっていました。陸軍はドイツ側に立って第二次大戦に参戦することにより、支那事変の打開をはかろうとしたのです。つまり、「大東亜」には太平洋と東アジア大陸をつなげたい、太平洋戦争で支那事変を解決したいという陸軍の希望がこもっているのです。結果論からですが、これはいささか無理がありました。

日本の緒戦作戦計画（陸軍は南方作戦計画と呼んだ）では、内南洋を絶対国防圏として、当初の作戦目的を達成したあと、防御に入ることになっていました。その前提として、独ソ戦はドイツ勝利で一九四二年前半までに終了、その後、ドイツは全ヨーロッパの力をもってイギリスに対峙、一九四三年の前半にこれをも屈服させる、という戦局予測がありました。

アメリカは、陸軍の完全動員が終了するには少なくとも一年半かかるため、それまで持久すればユーラシア大陸をほぼ手中におさめることができ、イギリス艦隊を手に入れたドイツと内南洋にこもる日本に対抗する気力は失われるというものです。

これらの前提なり作戦内容は、ドイツ参謀本部と打ち合わせのうえ確定したものではなく、海軍軍令部作戦課が策案したものです。問題は多数に上りますが、海軍の手になるだけに、内南洋絶対国防圏の戦術実態がはっきりしません。艦隊や基地航空隊による洋上作戦で防御するのか、島嶼《とうしょ》におく陸上部隊が敵軍の上陸を阻止するのか、どちらが主眼かわからないのです。

補給線を考えれば、海軍が艦隊決戦で敗れると島嶼の陸上部隊は孤立し、戦略的価値が失われると同時に撤収もままならないという悲惨な境遇におかれます。海軍が主体となったため、島嶼防衛について十分に検討がなされないまま、海空の一体作戦のみに目が奪われた結果と思われます。

それにより、制海権が失われたら撤退すべき島嶼防衛隊を残置させ、多数を戦没させることになりました。三国同盟の主旨に従って参戦するのであれば、ヒトラーの要請にもとづき北進、すなわちシベリアでソ連と戦うことになりますが、海軍の代案である英米戦が通ったためこのようなことになりました。

いずれにせよ、この戦いと支那事変とは直接の関係がありません。支那事変があってもなくても、太平洋戦争は成立するのです。さもあらばあれ、人類史上、大洋をおしわたり一〇個師団以上の兵力を外地に派遣できた国は日本とアメリカ以外にありません。

第8章

武器の進歩で戦術はどう変化したか

68 騎兵は実際の戦争で活躍できたか

一九世紀初頭の戦争で使われた小銃はマスケット銃といわれる先込めのもので、速射性に劣ると同時に施条《しじょう》も完全ではなく、実効射程距離は二〇〇メートルがやっとでした。ナポレオンの戦術は三兵戦術《さんぺいせんじゅつ》と呼ばれ、「歩兵」「騎兵」「砲兵」を組み合わせたものだとよく説明されますが、小銃が発明される前のように、騎兵が馬体突撃だけを目的としたものかは疑われます。

マスケット銃をもつ銃兵を密集させ一斉射撃すると、騎兵の突撃を阻止できることはよく知られていました。ただ、騎兵や刀槍兵《とうそうへい》が銃兵の陣地に突入できると対抗すべくもなく、銃兵は蜘蛛の子を散らすように逃げるのが普通でした。

一八世紀末、ある偶然から銃剣が発明され、銃兵も陣地で抵抗できるようになりました。そうなると歩兵すなわち刀槍兵という考え方が見直され、歩兵（刀槍兵）は銃剣付きマスケット銃をもった銃兵に転換していきました。このようにして、ナポレオンの歩兵は銃剣付きマスケット銃をもっていたわけです。

ところが騎兵は一九世紀を通して変わることがなく、刀をもつ竜騎兵《りゅうきへい》（Dragoon）、槍をもつ槍騎兵《そうきへい》(Lancer)といった区分が一九二〇年代までもちこされました。ポーランド騎兵は、一九三九年の第二次大戦勃発時においてもこの名前が冠せられ、実際に槍をもっていました。

騎兵が刀槍に固執した理由は、マスケット銃が先込めのため、馬上における射撃がほぼ不可能だったからです。しかも実戦では、騎兵は馬体突撃以外の方法で使われることが多かったのです。たとえば日本では、伊達政宗が大坂夏の陣で騎馬鉄砲を用いた記録が残りますが、仙台兵は、騎兵とは馬上の歩兵という考え方にもとづき、馬から下りて銃兵として戦ったとされています。

この戦術は、ボルトアクション式小銃が実用化されると、騎兵にとって主流の方法となりました。ところが特殊兵科出身者は頑迷で、古臭い武器・戦術を容易に棄て去ることができません。一九世紀後半の陸軍将校は「騎兵」「歩兵」「砲兵」「工兵」などと分類され、互いに自らの兵科を誇っていたのです。日露戦争で活躍した秋山好古《よしふる》の正式肩書きは陸軍大将ではなく、騎兵大将です。

騎兵将校はどうしても槍と刀を棄てることを拒み、かつ馬上射撃が有効だと主張しつづけました。馬体突撃(=ショック戦術)の夢を棄てることがなかなかできなかったのです。

ボルトアクション式小銃の実効射程距離は五〇〇メートルに及び、上手な射手であれば毎分一五発の発射が可能です。にもかかわらず、騎兵将校は銃身を短く切断した（振り回すのが容易な反面、射程距離が落ちる）カービン銃と呼ばれるものを愛用しました。第一次大戦では、騎兵師団（六〇〇〇人程度、全員馬上）が、後備一個歩兵旅団（一万人程度、小銃六〇〇〇丁）に苦もなく蹴散らされるということが起きました。それでもシベリア出兵（一九一八〜二二）やソ連・ポーランド戦争（一九二〇〜二一）では、騎兵（＝馬上の歩兵）が大活躍したことも事実です。

騎兵とは馬の巨体を利用した突撃力と、徒歩より速いという機動力の二面性があり、機動力の面は内燃機関の発達する一九二〇年代まで有効だったわけです。ところが、頑迷でありまた名門出身者が多い騎兵将校は、この程度の端的な事実をなかなか認めることができませんでした。

69　産業革命以降、戦争はどう変化したか

産業技術史の中では、ワットによる蒸気機関の発明、その後のフルトンによる汽船の発明が一時代を画す大発明となっています。それは同時に、軍事史においても重要な転換点をつくることになりました。

ところが軍事技術は、一世代遅れたものを使うのが一般的です。これは信頼性も大きな理由ですが、軍人の保守性に解答を求めるべきでしょう。とりわけ名門軍人や武器オタクは、古く使い慣れた武器に愛着を示します。

汽船の武器への応用も例外ではなく、戦列艦（艦隊決戦参加を目的とした艦）に鋼鉄を張り、蒸気機関を搭載するといったアイデアすら、具体化されたのはクリミア戦争（一八五三～五六）になってからでした。

クリミア戦争では兵員や軍需物資を輸送するために汽船は普通に使用されていましたが、戦列艦にはまだ帆がありました。当時の汽船は軍艦目的よりも、主として貨物船や客船用途だったわけです。ところがこれでも、汽船による輸送は戦争に決定的な役割を果たしました。

当時、陸上における輸送は「馬」に頼っていました。まだ鉄道が利用できなかったためです。「馬」による輸送とは、騎兵のサラブレッドのギャロップとは全く違い、速度は徒歩によるものと変わりません。要は、人間が肩でかつぐより、重量のある荷物が馬車で大量に運べるに過ぎません。

さらに、馬には糧秣《りょうまつ》（Forage）が必要です。なぜか軍隊の馬の飼料だけに特別な単語があったわけです。糧秣とは、馬の頭数×必要日数が必要だと手短かに考えられると思いますが、実際にはそれ以上が必要です。つまり糧秣を運ぶための馬が必要であり、その馬のための糧秣がまた必要となります。

話はガラッと変わりますが、戦後になって満州事変の張本人、石原莞爾《かんじ》は「太平洋戦争の敗因はガダルカナルに決戦を求めたことで、距離が日本に近いサイパンに求めれば、このようなことにならなかった」と述べました。理由は、「兵站の困難さは距離の二乗に比例する」と説明しました。

この石原の説明は、本人の「ガリ勉・マル暗記」体質をよく示しています。「兵站の困難さは距離の二乗に比例する」は、「馬」の時代の格言です。前述の馬―糧秣―糧秣のための馬―そのための糧秣……を、当時のドイツ軍事学は「兵站の困難＝距離の二乗」と表現したわけです。石原莞爾はドイツ留学時代、これを必死にマル暗記した結果、太平洋戦争では島嶼への輸送が汽船によったことをうっかり見落としてしまいました。

クリミア戦争では、ロシア軍はクリミア半島先端のセヴァストーポリまでの兵站を「馬」に頼りました。英・仏・サルジニア軍は汽船です。「馬」と「汽船」の戦いは、汽船の勝ちに終わりました。

こういった様相はクリミア戦争に留まりません。阿片戦争（一八四〇～四二）、米墨戦争（一八四六～四八）、太平洋の戦争（チリVS.ボリビアとペルーの連合。一八七九～八四）など、制海権を得た側が敵の首都近辺の港まで汽船で入り込み、陸戦で勝利するというパターンになります。この汽船の利用は、一九世紀後半のヨーロッパ植民地戦争でも現れました。国民国家の成立と産業革命が、ヨーロッパ人に熱帯植民地を与えたことがわかります。

70　第一次大戦はなぜ長期戦となったのか

軍隊の鉄道輸送はアメリカ南北戦争や普仏戦争のころから始まりました。鉄道輸送は速く、大人数、大量の荷物を線路のある区域にだけ運ぶことができます。ところが、鉄道輸送が戦闘に与える影響を、当時の作戦家は全く理解することができませんでした。実は、鉄道輸送は攻勢に出た側を不利にさせ、戦線を膠着させます。

なんと愚かな作戦家かと思われることでしょうが、例外なくどこの国の作戦家も予想できませんでしたから、人間とはそういったものだということでしょう。自明のことですが、汽車は徒歩よりも速いのです。鉄道は自国内は利用できますが、敵地に鉄道路線があっても車両がなければ利用できません。当たり前のことが作戦の要素に組み込まれませんでした。

しかし現在の多くの日露戦争の軍記物・歴史小説にも、奉天会戦において日本軍は包囲殲滅に失敗した、ロシア満州軍の大部分を取り逃がしたと批判されますが、ロシア満州軍は奉天駅から汽車で逃げているのです。これを日本の歩兵が徒歩で追って、追いつけるものではありません。

ここから出る結論は単純です。線路のある敵地で戦っても、敵を包囲することは不可能であり、反面、敵に包囲される可能性はあるということです。「反面、敵による包囲の可能性」とは、敵地において敵軍は鉄道を利用できるため、どこに出現するかわからないということです。

第一次大戦の緒戦では三つの大会戦がありました。

●マルヌ会戦(仏×独、仏勝利、マルヌ川はパリ近郊)

●タンネンベルク会戦(露×独、独勝利、タンネンベルク村は独領東プロセイン)

●ガリシア会戦(露×墺、露勝利、決戦場のクラシニクとコマルフは露領ポーランド)

連合国の二勝一敗というところですが、これらの会戦にはある共通性があります。すなわち、敵地で戦った軍隊がいずれも負けているのです。これは非常に不思議なことで、もし作戦家が事前にその原因を知っていれば、戦場を敵地に設定することをどうしても避けるはずであり、結果として戦争を防止できる可能性があったのです。にもかかわらず実際に会戦が発生したことは、作戦家が事前に敗因を全く予測できなかったことを示しています。

この共通性の原因とは、敵地で戦った味方は鉄道を利用できませんが、敵軍は自分の鉄道を利用して移動できたことです。つまり負けた方は、敵の領内に踏み入った段階で突如、局地優勢を占める敵軍と遭遇し敗北したのです。敵軍は鉄道を利用して速く動けるうえ自国領内ですから、情報面でも有利です。

この原理は以前から可能性としては指摘されていたのですが、実際に起きるとは思われていませんでした。自国内に入った敵を、局地優勢を占めることができる戦場に誘導し、味方をすばやく秘密裏にその戦場に運び込む作戦を、それまで内線作戦と呼びましたが、戦間期には軍事学の主流を占めるにまで至りました。

もっとも戦争とは偶然の連続であって、意図して（つまり作戦計画に組み込んで）敵を自国領に引き入れるよりも、地団太《じだんだ》を踏みながら、ここまで敵に攻め込まれたらアトがないと絶壁に立った気分の中で、即興で編み出した内線作戦の方が成功率が高いのは事実です。

71　第一次大戦や戦間期の戦争はなぜ戦死者が多いか

第一次大戦における戦死者の数は記録的でした。第一次大戦に参加した兵士のうち、四人に一人までが、戦死または戦争が原因で死亡しました。ナポレオン戦争では二五人に一人といわれますから、第一次大戦がいかに人員を消耗するものだったかがわかります。この傾向はアメリカ南北戦争（一八六一〜六五）と日露戦争でもすでに生じており、両戦争とも参加した兵士のうち一〇人に一人が戦死しました。

ところが、第二次大戦になると、戦死者の比率はかなり下がりました。イギリス軍では戦争に参加した兵士のうち二五人に一人が戦死したにすぎず、また日本軍も八人に一人程度です。

ただし第二次大戦の独ソ戦では、三人に一人（ソ連軍の場合二人に一人？）以上が戦死または戦没したものと推定され、いかに恐怖の戦いであったかということです。独ソ戦は絶滅戦争だったわけで、他の戦争と比較するのは適切でないということでしょう。第二次大戦以降、対称的な戦争は発生していません。

第一次大戦がなぜ多数の戦死者を出したかといえば、戦争の様相が塹壕戦であったためです。塹壕戦とは、一大会戦によって決まった普墺戦争や普仏戦争と正反対の戦争で、長期にわたり戦線があまり動かない戦いです。こういった様相が現れた原因は、兵員密度が高く、戦場の主役が歩兵であり、かつ鉄道時代だったためです。

当時、塹壕を突破できる物理力は歩兵しかありませんでした。これを「裸の歩兵の突撃」「白兵戦術」「精神主義」などと批判することは意味がありません。砲弾をいくら敵陣地に叩き込んだところで、ある地点を占領できません。

そして、塹壕戦でなぜ簡単に敵陣を突破できないかといえば、敵軍がライフルと機関銃で待ち構えているためです。歩兵は突撃の際、弾幕射撃（旧軍は「阻塞射撃」と呼んだ）により銃弾が壁のように飛んでくる中を前進したのです。これで死傷者が続出しないわけがありません。

ところが、これでも真実の一半しか伝えていません。じつは大半の兵士は突撃時に死亡したものではないのです。哨戒任務で塹壕に立った歩兵に、第一線壕に書類を届けるため交通壕を通過している伝令兵に至近弾が命中し、破片で死亡するケースが一番多かったのです。

この当時、駐退機《ちゅうたいき》が発明されて野砲の速射性が増し、砲兵隊はとくに攻勢をかける時でなくとも、敵陣地に射撃を加えていました。速射性において、もっとも高性能だったフランス野砲「七五」は一分間に二〇～二五発、発射でき、なんと一日一〇〇〇発発射した記録が残ります。第一次大戦の全期間を通じての消費砲弾数は、ドイツ五億八〇〇〇万発、イタリア四億七〇〇〇万発、フランス三億四〇〇〇万発、イギリス三億発と記録されています。

西部戦線における、何も作戦行動のない一日あたりの死者は三〇〇〇人に達しました。まさに「西部戦線異常なし」の世界というべきでしょう。第一次大戦の歩兵は敵兵を見ることもなく、また突撃にも参加せず死んでいったのです。近代戦の大部分は敵兵を見ることができない戦争です。個人の武勇が発揮できる場面は限られていました。

72 ドイツの電撃戦とは何か

塹壕を突破することは容易ではありません。いくつもの方法が試されましたが、要は、一回の攻撃で全縦深（all depth）を突破せねばならないということでした。突破がなぜ困難かといえば、鉄道があるためです。

誤解もありますが、整備された塹壕を突破することは困難ですが、不可能ではありません。大量の勇敢な兵士を失う覚悟があれば、第一線壕は占拠できるのが通例です。塹壕とは普通、三つ以上の塹壕線からなり、その全体を前進壕と通称します。そして、戦線が膠着すると、前進壕の背後にも三線からなる予備壕が構築され、さらに後方にもう一つ予備壕がつくられることになります。

全縦深とは、前進壕三線とその後方にある野砲陣地など、五キロほどの深さをもつ、もっとも前方の敵陣地全体をさします。歩兵を犠牲にして第一線や第二線の塹壕を占領しても、そこが突起部を形成してしまい、左右から銃砲火を浴びることになります。防御側は鉄道を利用して増援軍を派遣できるのですが、攻撃側は徒歩でしか前進できないうえ、防御砲火に遭遇します。これでは兵員の数で負けるうえ、攻撃側は火力でも不利となります。第一線壕が占拠できても、あとがつづかないのです。これを打開するには、敵の増援軍が到着する前に防御側の抵抗線をすべて制圧し、奪った敵陣地を逆転して使い、防御態勢を固める必要があります。

前方敵陣地の最深部まで一度の攻勢で突破する戦術を全縦深突破戦術と呼び、戦間期の歩兵戦術の定番とされました。全縦深を突破するには歩兵と戦車が併進して前進するのがよいとされ、突破兵団の各小隊に戦車が配備されるようになりました。この時代の戦車は時速一〇キロを超えませんでしたので、歩兵は戦車に追いつけました。これが戦車の戦術的使用です。

ところが全縦深を突破しても、それだけでは戦争の勝利には結びつきません。戦争に勝利するためには、野戦軍司令官に二度と立てないと思わせるくらいの殲滅的打撃を与えねばなりません。その方法は、古いシュリーフェンの方法――包囲・殲滅しかありません。

ここから、戦車を戦略的に使用することができないかという問題提起がなされました。戦間期、イギリスのフラーやフランスのエティエンヌ、ドゴールなどにより熱心に主張されたわけですが、それ自体は異端の説で、どこの国の参謀本部もとりあげることはありませんでした。

ところが、ヒトラーは一九三五年の軍制改革のさい、その時は誰もが重要視しない決定をおこないました。戦車と自動車化された歩兵以外はもたない機甲師団を創設し、それに突破兵団の役割を担わせる術策にゴーサインを出したのです。この時の戦車の時速は四〇キロに達していました。

電撃戦の素地はここにできあがりました。騎兵を例にとればわかりやすいのですが、騎兵は馬体突撃による打撃力と機動力の二面性をもっています。同様に戦車も突破力と機動性の二面性をもちます。ヒトラーは戦車の機動性に着目したのです。

一九四〇年五月、ドイツ軍はフランス戦において、歩兵師団が全縦深突破戦術により穴をあけ、そこから機甲師団がセダンから大西洋まで駆け抜け、フランダースにいる英仏軍を包囲・殲滅する作戦で臨みました。計画は大成功で、フランス二個軍を殲滅し、イギリス派遣軍（BEF）を海に追い落としました。

73　核兵器の発明は戦争をどう変えたか

第二次大戦後の世界は、それ以前の世界と全く異なります。ナポレオン戦争は自由と平等をヨーロッパに拡散しました。そして経路は違うにせよ、産業革命がヨーロッパで発生しました。移動の自由、職業選択の自由、起業の自由がなければ産業革命を起こすことは困難です。

産業革命はヨーロッパ人に圧倒的な強みを与え、南北アメリカ、トルコ、ペルシャ、中国、日本を除いて、ほとんどの世界は征服されました。しかしながら、これは決定的ではありませんでした。非ヨーロッパ人の国軍が鉄道、汽船、ボルトアクション式ライフルを手に入れると、逆にヨーロッパ人を追い出す手段として使うようになりました。

しかし、「ヨーロッパ・コンサート」といわれる華麗な一九世紀外交により、第一次大戦までの一〇〇年間は短期決戦の戦争以外、ヨーロッパ大陸における戦争の発生を止めることに成功しました。

第一次大戦は、偶然と政治家・外交官の無能により軍事作戦（＝シュリーフェンプラン）が暴走し、起きたものです。ところが、第一次大戦の戦後処理はユートピアを創造するどころか、第二次大戦の準備をしたにすぎませんでした。二〇年間、ヨーロッパには短い平和があり、人々は「平和運動」に没頭しましたが、それはかえって次なる世界戦争を呼び込むことになったのです。

第二次大戦以降、大国（G5＋ロシア）間の戦争は発生していません。多くの人々は、第二次大戦が終了してから一九九二年のソ連崩壊まで「冷戦」が続いたと説明します。これは正しいのですが、「冷戦」を戦争が起きていた期間とみなすのは誤りです。冷戦とは、大国間の極めて長い間の平和でもあります。

少なくない数の人々が、この平和が核兵器による「恐怖の均衡」によってもたらされたと説明します。これは正しいでしょうか。核兵器とは、極めて大きな破壊力をもち、無防備な一都市の中心を破壊することができます。このような威力のある火力は他に存在しません。多くは、騎兵・歩兵・戦車兵・自動車化兵のように制圧力をもたず、単に一地点を通常一回大きく破壊するものです。

核兵器は、航空爆弾や重砲・艦砲と類似しています。機関銃や野砲のように反復して射撃することにより、敵兵をある地点から除斥するという効果も、あまり期待できません。ところが、核兵器のこの性格こそが戦争の大きな抑止力につながります。というのは、全面戦争にエスカレートさせれば、核による反撃の可能性を招くという計算を喚起するからです。

ここで重要なのは大きな戦争、すなわち核保有国へのアウトライト（白昼堂々）な先制攻撃、または奇襲開戦は控えるということです。これは反面、非核保有国へは大胆な先制攻撃が可能だということです。そして、ここからが重要な点ですが、核保有国の同盟国は、非核保有国へ先制攻撃することがしやすくなりました。

たとえば核保有国（ソ連・中国）の同盟国の北ベトナムは、アメリカの同盟国の南ベトナムを攻撃できたのです。なぜなら北ベトナムは、アメリカは自国へ地上攻撃をして来ないだろうと予測したからです。つまり、アメリカはソ連・中国との間の全面核戦争を恐れるだろうと、北ベトナムは計算したのです。

このように核兵器の抑止力は、一方で小国間の通常戦争を誘発する面があります。核兵器は、自国の大都市が破壊されてはならないとする心理を生み出すので、抑止力はあります。しかし過激な宗教原理主義、または社会主義を信奉する統一主義者・分離＝独立主義者の、脅迫的でありながら原始的な計算の前には、必ずしも有効ではありません。

74　ハイテク兵器の威力

ハイテク兵器は、湾岸戦争（一九九一）の時に初めて実戦に供されました。しかし使用したのは米軍のみであり、戦闘機などが赤外線誘導装置のあるミサイルで撃墜されるという事態などが発生しています。二〇〇二年のアフガニスタン戡定《かんてい》戦争の際に使用されたものとは比較にならない低レベルのものです。

アフガニスタン戡定戦争とイラク戦争（二〇〇三）は、アメリカのラムズフェルド国防長官が主張した戦略により実施されたものとされます。したがってハイテク兵器を使用し、短期決戦により戦争を勝利に導く方法を「ラムズフェルド戦略」と呼ぶことにしましょう。

従来、非対称の戦争であっても、武器・方法に劣る側を早期に屈服させる、または野戦軍司令官をして敗北を自認させることは容易ではありませんでした。ところがラムズフェルド戦略を用いると、野戦軍司令官が簡単に司令官としての機能を失ってしまうことが生じます。

一九世紀の戦争では、君主や大統領が自ら野戦軍司令官であり、実際に戦場にも立ちました。これができた理由は、野戦軍司令官は馬上にあり、捕捉されないと信じられていたためです。

ところが普仏戦争の際、馬上で指揮をとったナポレオン三世は、鉄道で国境まで行きそこから徒歩で進んだプロイセン軍に、国境を越えてからわずか四日間しか経たないうちに捕縛《ほばく》されてしまいました。それと同時にフランス軍とフランス政府双方が瓦解し、プロイセンの勝利はほぼ確定しました。

これ以降、政治指導者や参謀総長が前線に立って指揮するという方法は時代遅れとなり、彼らは首都にいるようになって、航空作戦が発達すると首都の地下壕にこもるようになりました。

この場合、首都にある地下壕と、野戦軍司令官との間で連絡線があることは最低限必要です。野戦軍司令官と各級司令官との間の連絡線も必要でしょう。ところがハイテク兵器は、この連絡線を切断できるわけです。すると、指導者が軍隊に組織的な抵抗を命じることが不可能になり、補給線も断たれ、軍隊そのものの維持も困難になります。

ラムズフェルド戦略では、この連絡線を事前に切断し、軍隊の投降を促し、またレーダーや赤外線誘導兵器などを発見次第、潰《つぶ》して行くという方法をとることになります。戦略的には、野戦軍を降伏させ、できれば指導部の壊滅を狙います。

これは同時に、敵国政府を認めないことにつながり、野戦軍司令官同士が休戦交渉をおこなうことすら困難になります。つまり、終わりがはっきりしなくなりますが、戦争勝利は極めて短時間で確定できることになりました。

この方法では、もはや地上戦が必要かどうかはハイテク武器を使用する側の判断となり、地上戦兵力も僅少《きんしょう》ですみます。陸軍の動員を必要としない戦争、すなわち汽船に乗ったヨーロッパの臨時分遣隊が活躍した、一九世紀の植民地戦争のような方法をとることができるようになりました。

一九世紀のヨーロッパ人は、海岸線に沿った予定戦場に汽船で臨時分遣隊を送りこみ、野戦で勝利しました。ハイテク兵器を使用する米軍は事前に敵軍の組織的な抵抗を不可能にし、その後、規模の小さい臨時分遣隊で首都など戦略要地を占領できるようになったのです。

一般にテロリストやゲリラ兵といえども、ある地域を聖域化しなければ継戦することは困難です。ラムズフェルド戦略は、「テロの世紀」になりかねない二一世紀をどのように決定づけるでしょうか。

第9章　戦争をなくすにはどうしたらよいか

75　平和運動や反戦運動が戦争を引き起こす?

平和運動は一九二〇年代のイギリスで、折からの自由党の退潮と労働党の台頭に伴い発生した比較的新しい政治運動です。

第一次大戦前のヨーロッパにおいて、政党の対立構造は、「保守主義」vs.「自由主義」でした。ドイツは例外で、第一次大戦直前、ライヒスターク（帝国議会）では社会民主党が第一党となっており、健全な自由主義政党がありませんでした。この時代のドイツ社会民主党はマルクス主義、階級政党主義に立脚しており、潮流としては、他のヨーロッパ諸国の労働者政党とかなり異質でした。

ところが戦間期に至り、「国家主義」vs.「社会民主主義」に転換しました。平和運動とは、この世界的な政党構造の変動の中で、政権党になるまでに成長した社民政党、イギリス労働党やフランス急進社会党によって主張されたものです。政治的主張の内容は、「軍縮」と「宥和政策」を自国政府に要求することです。

それより以前、「平和」が宗教運動や文芸運動で主張され、その中で良心的兵役拒否運動や戦争の悲惨さを描写する芸術活動が発生し、平和主義がそれらと混同されることがあります。しかし啓蒙主義の下では、一般的には、宗教や芸術は人々の心の中にのみ関連し、政治運動にはなりません。

政治運動に発展するためには、政見を訴え、支持を集め、選挙に勝つ必要があります。その場合、政見とは自国政府の「政策」をいうことに他なりません。平和主義の落とし穴はここにあります。

イギリス労働党は戦間期、「平和」を訴えれば票になると思いました。そして「平和」を祈ったり唱えたりしても宗教にすぎないので、政見として「軍縮」と「宥和政策」を打ち出しました。もちろん表面は「平和」のための政策としました。

これは有権者騙《だま》しのテクニックで、「軍縮」と「宥和政策」が平和に役立つかといえば、かえって戦争の危険を招くのです。理由は単純で、戦争は自国でなく他国の先制攻撃により引き起こされることがあるからです。「軍縮」と「宥和政策」をやると、他国はその国が弱いとみなして、先制攻撃やテロの誘惑にかられるのです。

戦間期、イギリス労働党内閣（ラムゼー・マクドナルド）は独仏の常備兵力同一、イギリスの兵力削減を主張しました。これは、偽善です。なぜかといえば、ドイツはフランスよりGNPでも人口でも上でした。フランスは常備兵力をドイツと同じにすれば、短期現役制の下ではドイツの軍事力に抗することはできません。フランスは拒否しましたが、フランスはイギリスという同盟国を失ってはドイツに対抗できません。

次に、マクドナルドはジュネーブ軍縮会議を呼びかけ、ドイツが拒否するとヴェルサイユ条約修正を臭わせて、ドイツに再度テーブルにつくことを哀願しました。このイギリス労働党のやり方を、イギリス国民は熱烈に支持しました。オックスフォード大学学生自治会は「学生はどのような環境においても、国王と国家のために戦う必要は認めない」という議決をおこないました。

イギリス平和運動のピークは、この議決が出た一九三三年であり、ヒトラーが政権をとる前の出来事です。ドイツに当時「平和運動」があったかといえば、政党の主張としてはありません。このようなイギリスの平和運動の勃興《ぼっこう》に、ドイツ国民はどのように感じたでしょうか。

少なからぬドイツ国民が、「生存圏の拡大」「アーリア人種の優越」を掲げるヒトラーに投票したのは事実です。そのヒトラーは、平和運動に没頭するイギリス国民に弱さをみて、フリーハンドを得たと思ったのも確実でしょう。

ところがミュンヘン会談のあと、一九三八年のドイツ軍のプラハ進駐をみてイギリス世論は一変し、ヒトラーの攻撃的性格を警戒するようになりました。労働党は宥和外交批判・必要な航空兵力の拡充に方針を転換し、平和運動は事実上消滅しました。

イギリスにおける第二次大戦中の平和主義者は良心的徴兵忌避者、すなわちキリスト・アデルフィアン派、プリマス・ブレズレン派、エリミテ派などのキリスト教宗派

（セクト）がほとんどを占めることとなり、あくまで徴兵（検査）に応じない平和主義者は数百人の単位にすぎませんでした。

76 国連活動に参加することは「平和」に役立つか

国連とは、一三五頁に述べたように集団安全保障機関ではなく、調停機関にすぎません。その機能はあくまでも主権国家にアドバイスすることであり、そこまでに留まります。国連憲章による安全保障理事会の議決により、国連軍を組織することができますが、その最大のものは朝鮮動乱（一九五〇）における国連軍にすぎず、しかも問題の根源的解決、すなわち金日成独裁政権を打倒できませんでした。

イラク戦争（二〇〇三）の前に、フランスはアメリカの先制攻撃に反対し、米仏は互いに安全保障理事会の多数派工作を展開しました。その結果浮かび出たのは、利害関係の全くないアフリカの小国であるアンゴラやギニアがキャスチングボートを握りかねないことでした。

フランスのドビルパン外相が、援助を約束しながら支持とりつけのためその両国をまわり、それにアメリカが反発するという泥仕合となりました。こういったことで決まる安全保障理事会とは、一体何でしょうか。

国際連盟が結成されたときの常任理事国は、日本・イギリス・フランス・イタリアの四カ国でした。一九二六年のロカルノ条約によりドイツの参加が決まった時、ドイツはほぼ自動的に常任理事国になることが承認されました。つまり空席を誰が占めるかについて、当時の世界各国は了解していたのです。これは単に、GNPが圧倒的であり、年会費を多く負担していたためではなく、それらの国が「世界平和」を守ることができると認められていたためです。

日本が満州事変という名のクーデターを事後承認し、国際連盟を脱退するというコースを辿ったのは、この「世界平和」の観点を国家として考える必要がないという結論に従ったものということができます。自分の国益と「世界平和」が一致しないと、当時の日本人は考えたのでしょう。

ところが現在の国連はどうでしょうか。ソ連にしても中華民国にしても、国連結成時から戦争を仕掛けることを旨としていたと言って過言ではありません。蔣介石が「大陸光復」を唱え、沖縄領有を主張し、スターリンが金日成の南侵に承諾を与えたことは歴史的事実であり、本来まともな国であれば、そこで国連を脱退すべき性格のものです。

国連の権威失墜と機能不全はここから始まっており、両国は国連憲章または「世界平和」を尊重する意志がなく、単に外交のネカティブ手段または自国のプロパガンダとしてしか国連を考えていなかったのです。中華民国の常任理事国入りの背後には、国連をあまり重要視しないアメリカの意志が働いていたのは確実です。

現在、たとえば民主党の中には、国連決議があれば、そのための特別な軍隊をつくって動かすべきだとの主張があるようですが、これは途方もない誤りです。国軍を動かすことができるのは、名の知れぬ国の国連代表の意見ではなく、国会の議決に従った内閣総理大臣の命令です。

このような国家主権を無視した議論は、日本以外、世界的に聞かれません。国連は世界連邦のようなものとは何の関係もありません。そもそも世界連邦を主張する人は、根本的に民主主義がわかっていないといえるでしょう。世界という単位で、どうして民主主義が機能し、法治国家が成立するのでしょうか。

日本がとるべき道は、国連をアドバイスだけおこなうクラブ組織とみなし、多額の年会費醵出《きょしゅつ》をやめて、既存常任理事国の最低金額以上出さず、日本の納税者に顔を向けることでしょう。

77 「終わりのない戦争」は存在するか

戦争の開始は軍事作戦が発動され、軍隊が国境を越えることです。そして、何らかの形で戦争は終了します。ところが、どこまでが文学的な表現なのかわかりにくいのですが、「国家が存続する限り、戦争が絶えることはない」「国境がある限り、人は自由な交易を求め、その撤廃を目指す」という表現があります。

第一に認めなければならないことは、国家とは国民の安全を守るため存在するということです。具体的には国内犯罪を防止するために司法があり、外敵と戦うために軍隊が存在します。司法にしても軍隊にしても平和を維持するためにあるのです。

国際間の平和とは現状維持であって、現在の国境を守ることを意味します。「新秩序」や「生存圏」を得るためではなく、また「失われた領土の回復」でもなく、「国家の統一」のためでもありません。外交的係争、すなわち外国との争いについて、それを武力で解決することはしないということです。国境や国家は戦争の原因ではなく、平和のための手段です。

これがロカルノ条約、ケロッグ＝ブリアン条約、国際連盟憲章、現行憲法の基礎をなす点であって、わが国の公務員はそれを遵守せねばなりません。それゆえ、国連の要請による平和維持活動、テロとの戦い、人道的介入など、世界平和に貢献するため軍隊を派遣する必要が出てくるわけです。憲法九条は英米法で解釈されるべきであって、独法（ドイツ法学）の外形主義で解釈されるものではありません。

国会で以上のことは、もはやあまり疑問視されていませんが、厳格な独法論者もいて、軍隊が違憲であると主張します。その「軍隊は平和の敵」とみなす主張の根底には、マルクス主義の考え方があります。

マルクス主義は現実的な国家論をもちません。国家の犯罪や外敵の侵略を防止する積極的な役割をみることができず、警察や軍隊は労働者階級を弾圧するための道具とみなします。ところが、実際に政権を奪ったレーニンは、これらマルクスが主張したことを改めて修正し、共産党政権の防衛のために秘密警察を創設しました。

なぜならば、マルクス主義者はいったん政権をとったのちの平和的政権移譲を認めません。このため「敵」の出方によっては暴力を行使するぞ、と標榜するのが一般的です。この戦いを「永久戦争」「永久革命」と呼号するわけです。政権反対者を摘発するために秘密警察を使い、恐怖政治を実行するのです。現在の北朝鮮の先軍政治や毛沢東による文化大革命はその現れです。

マルクス主義者は憲法九条の戦力保持の禁止を、自らが暴力革命を企てた時の障害除去としても利用しようとします。軍隊はとても国内反乱対策のみとはいえませんが、「平和運動」の隠れ蓑を用いて、軍縮軍事予算の福祉への流用を説き、軍隊の廃止を訴えるのが常套手段です。

日本の「平和運動家」の多くはマルクス主義者ですから、最も大胆に武装蜂起を主張したり、第三世界により残りの世界は討伐されるべきだと主張するのもまた当然です。同時に、平和を守るために軍隊がある、平和を守るために小さな戦争が必要だと主張する人間に「戦争狂」というレッテルを貼ることを忘れません。

78 戦争の終わりとは何か

戦争は互いに政府が残存している時、休戦協定の成立をもって終了します。ハーグ陸戦規定は、野戦軍司令官に休戦交渉と休戦協定署名の権限を与えています。

その第三三条に、「休戦の申し込みを受けた軍司令官は、すべての場合それを受諾する義務はない。軍司令官は、交渉委員団が任務を利用して情報を得ることを防止することができる。商議《しょうぎ》を濫用《らんよう》した場合、軍司令官は交渉委員団を一時拘束することができる」とあるのがそれですが、条文にみられるように休戦協定はその言葉通りの「休戦」

にすぎず、双方は戦闘姿勢を崩さず、いつでも戦闘が再開できるような状態が想定されています。

しかし実際の戦争における休戦は、こう簡単には行きません。まず、休戦交渉団は白旗をもち、多くの場合、通信兵やラッパ手をひきつれながら、双方監視の中、敵陣に向かいます。もちろん、屍体収容などの（本当の）一時的休戦はあるのですが、その場合と本格的休戦とは相当に事情が異なっています。

休戦を申し込む側は、敗戦を自認しており、大部分の場合、末端の兵士まで戦局が不利なことはわかっています。なぜかといえば、敵軍に食い込まれるなり押されるなりした結果、戦線が後退していたり、潰走寸前の状態にあるからです。

ここで白旗をもった休戦交渉団が敵陣に向かうことは、何を意味するか、即座に全軍に知れわたることになります。ところが、この状態は勝った側も同じです。すなわち休戦だという知らせが流れると、将校も含めて、これ以上戦場で命を落としたくないという心理が働きます。

休戦協定成立ではなくて、休戦交渉団を現に見たという段階で、勝った側の将軍や参謀将校を除いて、急速に戦意が失われてしまいます。休戦交渉がいったん始まれば、申し込む側＝負けた側が再戦を挑むことは極めて困難であり、事実上、指揮下にある軍隊の降伏を申し出ていることと同じです。

この局面で、休戦交渉を提案するのも野戦軍司令官で、実際に交渉をおこなうのも野戦軍司令官としているハーグ陸戦規定は、戦場心理の機微《きび》をよくつかんでいるともいえます。アメリカ南北戦争以降、休戦協定がいったん成立し、にもかかわらず再度戦争となったケースは、国家間の戦争では存在しません。

一方、朝鮮動乱のように休戦協定が成立したあと、講和条約締結の交渉に移ることを双方が拒むことは発生します。双方とも戦場を限定したためですが、国境線として当事者双方が認めることがなくとも、そこに戦争がなければ国境線ということになるでしょう。不幸にして、国境線が同時に休戦ラインであり、国境線と捕虜交換以外の交渉は必要なかったのです。

このように休戦協定が成立すれば、講和条約の必要は当然には生じません。もちろん、負けた側の軍隊や政府が崩壊した場合でも同様です。一般に軍隊の崩壊よりも、政府の崩壊＝地方政権群立《ぐんりつ》の方が早いものです。その結果、軍隊が休戦協定を締結し、その直前または直後に政府が崩壊することはよく発生します。その場合でも休戦協定は有効であり、戦争は終了します。

サンフランシスコ講和条約のさい、部分講和反対といって一時にすべての国と講和条約を締結すべきだと主張した東大総長がいましたが、外交史・戦史を理解できなかった「曲学阿世《きょくがくあせい》の徒《と》」というべきでしょう。講和条約締結とは平時の外交交渉にすぎず、多くの国を同時に満足させることは不可能です。そのうえ、この総長が内々講和条約を結びたかったソ連は、ポツダム宣言に違反し、多数の日本兵を抑留中だったのです。

79 戦争賠償金の決め方

一九世紀後半においても、敗者に戦争賠償金が課された戦争はあまりありません。日清戦争（一八九四～九五）や阿片戦争（一八四〇～四二）、普墺戦争（一八六六）、普仏戦争（一八七〇～七一）、北清事変（一九〇〇）が主なものです。

しかも、講和条約で敗戦国に賠償金を課しても支払いができなかったケースとしてロペス戦争（パラグアイ対ブラジル・アルゼンチンなど。一八六四～七〇）、太平洋の戦争（ペルー・ボリビア対チリ。一八七九～八四）や、新領土獲得の対価を戦勝国が払ったケースに米墨戦争（アメリカ対メキシコ。一八四六～四八）があります。

当時の戦争では国境線が移動することが多く、戦勝国はこれを得ながら、さらに賠償金をとるというのは不道徳ではないかという考え方がありました。一方で、敗戦国に賠償金を支払う能力はないと予想したうえで、辱《はずかし》める目的で賠償金を課すこともおこなわれていました。

賠償金を課すこと自体について議論は分かれていたのですが、金額の算出方法は「戦費」をもとにするというやり方が一般的でした。敗戦国が、戦勝国の戦費を賄うべきだと考えられていたためです。この戦費とは、正面装備の減耗《げんもう》分と常備軍以外の予備役などへの人件費、戦死者遺族への弔慰金《ちょういきん》などをさし、国家予算が公開されている国では十分説明できるものです。

ただ、現実問題として敗戦国に支払い能力がなければ、要求自体に意味がないのは当時の外交官もわかっていました。多額の賠償金を支払ったフランスや中国（清）などは、当時の貿易黒字国でした。払えないものは講和条約で強制しても、やはり払えないのです。

この戦費をもとにする考え方は、第一次大戦の戦後処理で全面変更となりました。これは当然のことで、敗戦国の中心的存在であるドイツ一国が英・仏・イタリア・ベルギー・アメリカ・日本・英国自治領などの合計戦費を賄えるものではありません。

このため、せめて民間被害賠償がなされるべきだとフランスは主張しました。ところが民間被害とは、政府予算から算出可能な戦費よりも算定が難しいのは自明です。それにもかかわらず、アメリカ大統領ウィルソンはその一四カ条提案により「無併合・無賠償」を唱えており、戦費賠償は具合が悪いが、民間被害賠償ならば当然だろうということで、フランスの要求を容認しました。

この結果、西部戦線における陸戦による民間被害のみが計算の対象となり、フランスとベルギーを中心として賠償金が支払われることになりました。賠償金の総額は一五二〇億金マルクで、現在の金相場で計算すると八〇兆円に及ぶものです。ドイツは、三年後には、暫定的に決められた月あたり五億金マルクの支払いができなくなり、フランスのルール進駐を招きました。

ところがこの時、フランスを支持する国はベルギーを除いてありませんでした。支払えぬ賠償金額としたことが問題なのか、各国協調ができないことが問題なのか、それとも条約履行を軍事行動をもって強制することが問題なのか、当時も争われましたが、今日的問題でもあります。

湾岸戦争の際、アメリカは派兵しなかった日本、西ドイツ、韓国、台湾などに支援金を求めましたが、算出の根拠は戦費でした。

80　なぜアメリカは「無条件降伏」を言い出したのか

アメリカは第二次大戦中のカサブランカ会議（一九四三年一月）において枢軸国（独・伊・日）の無条件降伏を求めました。このやり方が徹底抗戦を招いた可能性がある、または戦時国際法との整合性はあるのかと、現在に至るまで議論はつづいています。ルーズベルトはカサブランカ会議のあと、会議のコミュニケが生彩を欠くものであったため、「無条件降伏」を添《そ》え物《もの》のように非公式に記者発表しました。内容は主としてドイツ向けであり、戦局との関係でいえば、東部戦線のスターリングラードと北アフリカ戦線のエルアラメインでドイツ軍の敗色が濃厚となったため、この時点で休戦などの和議を申し込んでも、ドイツが受けつけないというところに力点がありました。

「ドイツと日本の戦力を破壊して、世界平和を保証し、基礎となる政治哲学が誤りだと立証し、ナチ党・ファシスタ党・日本の陰謀構造の完全除去、戦争犯罪人を処罰する。連合国は降伏のさい、いかなる条約や協定によって制限されない。そして制限されることがない無条件降伏を求める。ドイツは第一次大戦の一四カ条受け入れの時のように、降伏したのではないという言い訳は不可能である」と、ルーズベルトは記者会見で語りました。

真意が、日独伊の既存政権と交渉による和平をおこなう意図はないという点にあるのは、文脈からみて明らかです。とりわけ、ドイツのNSDAP（ナチ党）とイタリアのファシスタ党を解散させ、政治運動を禁止する意図をこの時から保有していたとみるべきでしょう。

この無条件降伏のアイデアは、アメリカの南北戦争の勝者、北軍司令官グラントと敗者の南軍司令官リーとの会話から来ていることを、一九四四年七月、ルーズベルト自らが説明しています。南北戦争休戦交渉の会話は次のようなものです。

「リー将軍（南軍）はグラント将軍（北軍）に、「南軍の復員方法を決定したうえで、軍隊を解散させたい」と、休戦を申し入れた。ところが、グラントは「無条件降伏しか認めない」と、この申し込みを拒否した。そこでリーは、「わかった。無条件降伏する」と言ったところ、グラントは、「今言った南軍復員の条件は全部認める」と配慮を示した」

ルーズベルトに従えば、無条件降伏とは野戦軍司令官に権限が与えられている休戦交渉における条件（無条件）をさします。野戦軍司令官は政府のもつ権能については決定することができませんから、軍隊の無条件降伏とは勝者が復員方法を指定し、武器弾薬を受け取り、休戦ラインを設定することです。

軍隊は、目に見えるものとしては兵員と装備のみで構成されており、敗戦とともに武器を引き渡すのが戦争終了の最大の指標です。ただ、関連施設の炊飯車や食糧デポ・被服デポに及ぶことは、普通ありません。とりわけ私有財産には全く及びません。及んだとすれば、それは戦時国際法で禁止されている略奪です。

このようなことは、「無条件降伏」などと麗々しく名づけなくとも当然のことです。軍隊の降伏とは「将校帯剣を許す」などの名誉的なことを除けば、重要な条件などもともとありません。ルーズベルトの意図は、やはり既存政府を否認し、アメリカの好む政党による「民主政府」を樹立したかったのでしょう。

しかしアメリカの軍事力をもってしても、これは不可能です。なぜならば、戦時同盟国のソ連は「民主政府」を否定しているうえ、「民主政府」は選挙で選ばれるわけですから、アメリカに好意的な政党が常時選挙で勝てることはありません。やはり「無条件降伏」とは、体制変更を求めながら、選挙でNSDAPが政権を掌握した事実を曖昧にする意図があったのでしょう。

ともかくルーズベルトが説明する際に窮地《きゅうち》に陥ったように、軍隊は降伏、あるいは解散ができますが、政府に対して「降伏」だと辱めたところで何かつくらねばならず、できた新政府（政権）は降伏と無縁です。

81　戦争に強い民族・戦争に弱い民族

特別に戦争に強い民族があるかのように、よく説明されますが、全くのデマです。そして気をつけねばならないのは、民族をどのように定義するかです。けれども「民族」にあたる英語は「Ｒａｃｅ」しか存在せず、またそれに該当すると思《おぼ》しき外国語は「民族優越主義」を秘めています。

漢語における「民族主義」とは孫文の主張したものですが、単純に漢民族至上主義です。ヒトラーの主張した「Ｖｏｌｋ《フォルク》」はフェルキッシュ運動、すなわちドイツ民族至上主義の脈絡の中で使われました。

日本では「民族」の方が語感が柔らかいため、「人種」より好まれるようですが、民族と人種に用語上の区別をつけることは困難です。民族は「言語」「宗教」「歴史」などで区分される、生物学的な人種をさらに細分化させた単位だと主張されることがありますが、それがためには人種という括りが成立するか否かが説明されねばなりません。ところが、人種的な区分が一体成立するのか、実は極めて怪しいのです。

現在でも時折、一九世紀初頭のドイツの人類学者ブルーメンバッハの「白」(コーカソイド)、「黄」(モンゴロイド)、「黒」(ネグロイド)の分類に従って、白人至上主義やモンゴロイドの家なるものが主張されることがあります。白黒黄分類では、インド人はどこに属するのでしょうか。また、なぜモンゴロイドは寒冷地に適応して顔がなめらかで、ネグロイドとコーカソイドはそうならないのでしょうか。

分類そのものが、一九世紀ドイツと戦間期アメリカにあった白人優越思想に乗っているだけなのです。人類は数万年もの間、混血を繰り返しており、また気候風土による影響を受けやすく、現実には純粋人種とは歴史上孤立を余儀なくされた、ごく少数の部族グループしか存在しません。

こういったことも、日本人には理解が難しいのかもしれません。というのは、日本は実感に照らせば民族（人種）と領土が一体の世界で唯一の大国です。このように、生物学的な、もしくは形質人類学による分類（「人種」）とは、一九世紀ドイツの学問によくある「もっともらしく聞こえるが、そうではない」の類いです。

ところが、国民により戦争に「弱い・強い」は存在します。ただし「弱い・強い」は、じつは国民の属する国家が強いということであり、その国の総合を表現しているだけです。たとえばアメリカはさまざまな国から来た人々が集まってできた国家ですが、これまで敵に本土への上陸を許していません。この防御における有利性はユーラシア大陸から離れている結果です。このこと自体は、中にいる人種区分などとは全く関係がないことは明らかです。

隣にドイツのような強国があり、マジノ線（第一次大戦後、フランスが独仏共通国境につくった要塞線）を築かねばならなかったフランスとは、戦争に対する準備や理解が異なってくるのも当然のことです。そう考えれば、戦争について民族による強弱は存在しませんが、国家の強弱は歴史と地理によって決定される面があり、国家に属する国民の強弱と表現することが誤りともいえません。

82　軍国主義とはどのようなものか

軍国主義とは、国家目標を軍事力の強化におくだけでなく、社会が軍人や軍隊に非常な価値をおいている状態と評すべきでしょう。こういった状態で思い出されるのは、第一次大戦前のドイツです。この時代は第二帝政とも呼ばれますが、ドイツがヨーロッパ第一の軍事強国であり、GNPでもイギリスを追い抜くのは時間の問題とされていた時期です。

では、なぜドイツがヨーロッパ最強の軍事国家になれたのでしょうか。丁普戦争、普墺戦争、普仏戦争の三つの戦争に勝利できたからです。この三つの戦争に勝つことができた理由は簡単で、ドイツの前身となったプロイセンが軍事的に優っていたためです。いうまでもなく、軍事的に優っていただけでは、何回も戦争に勝つことはできません。第一次大戦や第二次大戦がそれの証明であって、敵をあまりにも増やしては勝つことはできません。戦争の経緯も重要なのです。

プロイセンはこの三つの戦争に、短期決戦をもって勝利することができました。もし長期戦となったならば、敵が増える可能性があったのです。プロイセンは戦争の双方の死者をあまり出さず、戦場も狭く、短期間に勝利することができました。

それは、ドイツ国家（統一）主義の勝利ではありません。ドイツ国家主義はナポレオン戦争に敗北し、教育学者フィヒテが反フランスを叫んだ時に巻き起こったもので、一八四八年革命のあと沈静化していました。普墺戦争の時、全ドイツはプロイセンに反対しました。この時、バイエルンもオーストリア側につき参戦しました。

人口が多かったためでもありません。普墺戦争の時、プロイセンの人口は一八〇〇万人で、オーストリアは三三〇〇万人でした。普仏戦争の時はプロイセンの人口は二二〇〇万人、残りのドイツは一八〇〇万人で、フランスの三八〇〇万人をわずかに上回るだけでした。しかし、効果的に戦ったのはプロイセンだけでした。

武器がよかったわけでもありません。普仏戦争の際のプロイセンの小銃「ドライゼ」は、フランスの「シャスポー」を上回ったとすることはできません。フランスの野砲は、明らかにプロイセンのものより性能的に優れていました。武器メーカーとして、普墺戦争におけるシュコダ（墺）はクルップ（独）を規模で上回っていたし、普仏戦争ではシュナイダー（仏）も上回っていました。

工業力においても同様で、粗鋼の生産においてドイツがフランスを上回ったのは、一八七〇年代半ばです。

答えは、プロイセン参謀本部が存在したためです。プロイセンは戦争をまるでビジネスのように実行しました。第二帝政のドイツでは、参謀本部員は「半神」といってあがめられ、銀行員や郵便局員まで予備役将校や下士官であることに誇りをもっていたのです。これが軍国主義というべきでしょう。

83　文明の対立による戦争

「文明の対立による戦争」とはアメリカの歴史家ハンチントンにより唱えられ、折からのアフガニスタン戡定戦争から、その説明が肯定できるかのようにみえます。戦争が、ある国の軍隊が国境を越えるなり、他国の軍隊を奇襲することによって始められるという事実は変わりませんが、どの国が、どの別の国にそのような行為に及ぶかという点についての予想は困難です。

「文明の対立による戦争」を肯定することは、ある国が外交を原因としてではなく他の要因、たとえば他文明に属することを理由として先制攻撃した事例を発見せねばなりません。これはありそうですが、やはり「ない」といってよいでしょう。

例としてよく出される、アフガニスタン戡定戦争の経緯をみることにしましょう。ことの発端は二〇〇二年九月に発生した、ニューヨークとワシントンDCにおける同時多発テロです。

アメリカ政府はこのテロを、アフガニスタンのタリバン（神学校組織）にかくまわれているオサマ・ビンラディンの率いるアルカイダの犯行と一週間以内に断定し、ただちに部分動員を下令し、タリバンとアルカイダ攻撃のためパキスタンに無害通行（上空）を要求しました。

当時、タリバンはアフガニスタンの九〇％を実効支配しており、パキスタンと外交関係を締結するなど、交戦団体の地位を占めていました。つまりアフガニスタン戡定戦争とは、アメリカという国家とタリバンという交戦団体の戦争であり、昔からある戦争のタイプでもあります。アメリカはタリバンに対し、オサマ・ビンラディンを引き渡せと要求しましたが、これ自体もテロ防圧のための古典的外交交渉です。

以上をまとめてみれば、アフガニスタン戡定戦争とは、テロ解決の外交交渉に応じない交戦団体を報復攻撃するという、アメリカの自衛戦争に過ぎません。

この場合、重要なのは「果断」ということであって、アメリカが時間をおいた場合、自衛戦争とみなされなくなる公算があります。一九一四年六月、セルビア軍人が仕組んだテロ、サラエボ事件に対して、オーストリアが外交交渉に出たのは三週間後でした。セルビアを保護国とみなすロシアは、オーストリアがテロに反発したのではなく、セルビア領土に興味があると邪推したのです。

このように、テロを受けた時、外交要求を瞬発的に出す必要があり、「冷静・慎重」がいつも正しいわけではありません。こういったテロへ対処する戦争や自衛戦争の場合、指導者は文明の対立などと考える余裕などありません。

テロリストや侵略者の側にも、文明を衝突させ信徒を増やすだけではなく、（外交）政策目標がありました。オサマ・ビンラディンの政策目標はイスラムの統一です。アラブの統一すらできないので、インドネシアからモロッコまでの統一は夢物語としか言いようがなく、それゆえテロリストの標語となるのです。これと文明とは一体何の関係があるのでしょうか。

一九一四年のテロリストは「大セルビア運動」を掲げていました。これも当時は夢物語でした。ところが歴史のヒネリによって、「ユーゴスラビア」として結実しました。一九九二年に至り、ユーゴ内戦となり本来の自然な形に戻りました。統一「ユーゴスラビア」の時代には、一貫して自由も人権も全くなかったことも、この種の運動の性格をよく示しています。

84　普通の国はどのくらい戦争をつづけられるか

大国同士の戦争（大戦争）の期間が、一九世紀以降、六年を超えることはありません。最長だったのは第二次大戦のイギリスで、ほぼ五年一一カ月の間、戦いつづけました。

小さな戦争は、これより長くなることがあります。植民地に派遣された一個連隊程度の分遣隊が、独立主義者の小部隊と争うなどの戦争は、やはり負担が軽いものです。本国では新聞も報じないが、戦闘が続いているということはよくありました。

ただ大国といえども、海外に一個師団（二万人）以上を派遣し、長期戦になると国家の根幹を揺るがしかねません。第一次大戦最末期と重なりますが、日本は一九一八年から四年半にわたり、シベリアに三個師団を派兵しました。現在、この戦争について、大半の歴史家や当時の軍人は「何の益もない戦争だった」と総括し、批判的です。

たしかに、この戦争は日本の役に立つことはありませんでしたが、ロシア人には役に立ったのです。日本のシベリア出兵の期間、ヨーロッパ・ロシアではボリシェビキの内政失敗と内戦とにより大飢饉が発生していました。ところが、極東に住んだロシア人に餓死者は出ませんでした。日本軍がこの地域の治安を維持し、交通を円滑にしていたためです。

ソ連・ポーランド戦争のあおりを受け、ボリシェビキによって意図的に遺棄された多数のポーランド人子女が、日本赤十字によって救出されたのもこの時のことです。

当時の軍人は、こういった他国人への人道支援を全く評価せず、目に見える領土の獲得こそが戦争の果実だとみなしました。これは、とんでもない誤りです。戦争は、たとえ自衛戦争であっても果実を受け取れるとは限りません。旧情に復帰するだけのため、多大の犠牲を払わねばならないことはよく起こります。第一次大戦や第二次大戦の戦後処理は、このことをよく示しています。ただ、第二次大戦におけるソ連は例外ですが。

戦争がこのようなものだとして、一個師団以上を派遣する戦争を大国（米・英・仏・独・露・日）は何年つづけられるのでしょうか。

ソ連のアフガニスタン侵攻（一九七九〜八九）は、ほぼ一〇年間つづきました。アメリカのベトナム内戦介入（一九六五〜一九七三）は八年間でした。支那事変（一九三七〜四五）も同じく八年間で終了しました。イギリスのボーア戦争（一八九九〜一九〇二）は三年間でした。以上の戦争の特色は、ソ・米・日・英いずれも、自分の好む時期に戦争から抜けることができたということです。つまり、自らの意志で撤兵できたのです。

戦場は本国から離れ、かつ二個師団以上（最大は日本の常時三三個師団）派兵したのですが、敵軍を完全殲滅することができませんでした。反面、戦場で敗れておらず、野戦軍司令官は敗北を自認することがありませんでした。

それでも、徐々に本国の厭戦《えんせん》気分が現れ、二年もたたず撤兵すべきか否かの議論が生じています。それにもかかわらず、日本のシベリア出兵や支那事変も同じですが、軍人は戦争をやめようとしても、文民政治家がそれを許しません。

それに加え、ソ連のアフガニスタン侵攻を除いて、すべて敵に先制攻撃を受け、自衛戦争を余儀なくされています。これは自衛戦争や人道的介入といえども、二年を過ぎるとやはり二個師団四万人ほどの派兵、または外国駐留は議論を呼ぶことを意味しています。

つまり、集団安全保障にもとづくものでも、単純な対テロ戦争、人道介入でも、撤兵できるオプションがある戦争では、開始直後に仮に大義が実現しなくても、自国民すら納得しなくとも、撤兵すべき時があるということでしょう。

85　戦争経済を考える

二〇世紀前半の二つの世界戦争は各国に、「戦争経済」の実施を強いることになりました。この戦争経済とは軍部が要求し、国家が法律をもって施行するものです。内容は必ず、「民需から軍需への生産シフト」「利益の圧縮」「会社の統合」です。

日本では支那事変勃発直後に「総動員法」が施行され、上記三点が民間会社に要求されました。現在、金融機関の統合が政府により推進されていますが、戦前にも合併が推進された時期があり、それはこの時代です。東京三菱UFJ銀行の前身は三菱銀行ですが、もとは旧三菱銀行と川崎第百銀行が、この時代に合併してできたものです。現在の銀行の統合と同じく、合併したところで効率があがるわけでもなく、預金者が便利になるわけでもありませんでした。

一般に、銀行の経営がよくなる方法は、合併ではなく分割です。役人はどうしてもこの単純な事実がわかりません。「戦争経済」も同じで、どこの国でも経営を統合し、経営権の一部を国家（役人）が掌握します。ところが逆説的ですが、統合や官僚介入をやればやるほど軍需生産は低下します。

その理由は、役人は（営利目的の）設備投資ができないからです。鉄の生産能力で重要なのは、鉄鉱石や石炭ではなく、高炉が何基あるかという点です。製鉄会社を統合すれば、能率のよい高炉を集中使用しますから、生産能力はむしろ減ってしまうのです。

日米の戦前における粗鋼生産実績が一対八だったことをもって、生産能力から日本はアメリカに抗し得なかったと説かれることがあります。それでは一九六二年の粗鋼生産実績における日米逆転の時を待って、日本はアメリカに挑戦すべきだったのでしょうか。

それはともかくとして、戦前の日本がなぜ粗鋼生産を伸ばせなかったかといえば、日鉄すなわち官営八幡製鉄の後身が国内独占を譲ろうとせず、役人が原料地立地しか考えることができなかったためです。一九五二年に至っても、日銀総裁の一万田《いちまだ》尚登《ひさと》は川崎製鉄の臨海製鉄所の建設に反対しました。役人とはそのようなものです。

つまり戦争経済（＝統制経済）とは、国内に製販ギャップがある場合、すなわち製造能力が需要水準を大幅に上回っていなければ、生産は縮小しかねないのです。とりわけ物資生産を役所で数量コントロールした場合、致命的となります。統制経済とは準社会主義経済、国有企業経済であり、生産増強にはむしろ支障になりかねないものです。

一九六三年に有事立法が議論され、自衛隊の制服組は三矢計画を作成しました。内容は「国家総動員」と「憲法の一時停止」という、立憲君主制の日本にそぐわないものでした。その結果、小泉前首相の父・小泉純也が防衛庁長官辞任に追い込まれました。当時の自衛隊幹部職員の頭は、戦前から切り替わっていなかったのです。

戦時経済をもっとも早く導入したのは、第一次大戦のドイツでした。ユダヤ人閣僚のラーテナウが指導したものですが、民需の犠牲において砲弾生産を伸ばしたという点でドイツでは評価されました。

しかしドイツは英仏と比較して、戦車や軍艦の製造では明らかに劣位にありました。そのうえ大半の工場を国家が派遣した官吏《かんり》の指揮下においたため、ストライキが頻発しました。レーニンは、どのような社会主義経済を実施するのかと聞かれ、ドイツの戦争経済を真似すればよいと答えたそうです。戦時経済や統制経済とは社会主義経済の一種です。

86　戦争になりやすい国の条件

これまでの、ほとんどの戦争が隣接国同士で戦われてきました。これは当然のことで、陸戦から開始される戦争が大部分だからです。仮に上陸して戦うにしても、補給線を考慮すれば、まず近接する国を先制攻撃することを考えます。

隣接する国同士は宗教、文明・文化、そして言語までもが共通することが多いものです。さらに、同じ宗教をもつ国家同士、または同じ文化圏に属する国同士は戦争になりやすいのです。これは奇妙に思えるかもしれませんが、片方が、同じ民族だから統一国家をつくろうなどと主張し、ショットガンマリッジ（猟銃をつきつけることによる結婚）を要求することがよくあるためです。

領土意識というのは身勝手なもので、中国人の「尖閣諸島について明の皇帝某が、中国人に漁業権を与えたんだから中国領だ」というようなのが代表例です。セルビア人が古セルビア王国発祥地のコソボをセルビアの土地だとするケース、イラクという第一次大戦後オスマン帝国から独立した国が、それより以前から独立していたクウェートを自国の中の一州だとするケースなど、外延的な領土拡張という古典的膨張主義は今後も衰えることはないでしょう。

こういった膨張主義の場合、戦争当事国が戦争の大義を宗教的対立のように表現することはよく起きます。露土戦争では、ロシアはオスマン帝国によるキリスト教迫害を介入の大義にあげ、英仏のリベラルに一定の支持を得ました。しかしながら本心は、ダーダネルス・ボスフォラス海峡を扼《やく》する、コンスタンチノープルが欲しかったのです。

それゆえ戦争を防ぐためには、隣接国には特別の注意を払わねばなりません。隣接国に自国が弱いとみせてはならないのです。先制攻撃やテロをかける国は、周到に相手の戦力や他国の介入の可能性を分析します。相手国の中に平和運動があったり、宥和外交を求めるさまを見せたりすると、先制攻撃の決心を促進してしまうのです。それがゆえに平和運動は危険です。

しかし、大戦争にあてはめるとどうでしょうか。

実際のところ、英独戦や日米戦は必ずしも隣接しない国同士が死闘を繰りひろげました。これがゆえに世界戦争といわれたのかもしれず、集団安全保障を軸にした外交関係が、海洋を挟んだ国同士でも戦争に発展したのかもしれません。

一方、独ソ戦を見ると、やや違った様相が窺えます。すなわちドイツとソ連（ロシア）の間で、独立ポーランドが存在していると戦争になりません。両国がポーランド分割をやると戦争になっています。その意味で、独立ポーランドの存在は独ソ戦の予防となっています。もちろん、たんに緩衝国家が存在するだけでは難しく、事大主義《じだいしゅぎ》に屈することなく、単独で重武装し独立を維持する気概のある国でないと困難でしょう。

第二次大戦の発端となったダンツィヒ問題で、イギリスから譲歩を求められたポーランドは断平それを拒絶しました。理由は「ドイツと妥協したら我々は自由を失ってしまう」というものでした。イギリスは、それではソ連と妥協するつもりはないかと尋ねたところ、ポーランド人は「ロシア人に支配されたら魂を奪われる」と答えたそうです。

87　戦争を起こさない法

一九二九年、日本の批准をもって発効したケロッグ＝ブリアン条約は現在でも有効であり、その中の「戦争を国策としない（外交紛争解決の手段としない）」という条項が守られれば、先制攻撃ができなくなり、戦争は起きないことになります。これは平和運動より、はるかに合理的な考え方といえます。

争に立ち上がれ」という意識がありますが、「平和」とは、「恒久平和」を叫ぶことにより戦争の大義ともなり、たんなる「防衛戦争に立ち上がれ」というスローガンにも、基礎には「今ある平和を守れ」という意識があります。戦争をする理由が「平和」のためであることは、よく起きるのです。

近世における戦争の大義や口実（自衛・統一・独立）は戦争を合理化するためのもので、戦争を防ぐこととは無縁です。統一戦争は許されるという主張も先制攻撃を是認し、戦争を煽っています。これは、マルクスが普仏戦争で示した「統一戦争は肯定される」という見解を受け、ベトナム戦争についても、北ベトナムの大義を正しいと認める共産主義者の論理にすぎません。

北ベトナムの「統一戦争」によって、自国民三五〇万人、南ベトナム人二〇〇万人、ボートピープル七五万人、カンボジア虐殺事件、内乱による死者五五〇万人が犠牲になりました。統一のために支払う代償としては、あまりにも大きな犠牲ではないでしょうか。この戦争の原因がアメリカ帝国主義にあるとするのは左翼の信念だとしても、北ベトナムにその意志があれば、戦争はいつでも止めることができたという客観的事実を変えるものではありません。

戦争を起こさないためには、まず先制攻撃を禁止することです。イラク戦争の際、フランスはアメリカの先制攻撃にあくまで反対し、当時のドビルパン外相は、「古いヨーロッパ」の話も聞いてほしいと述べました。フランス史をみれば、この言葉に根拠があることはすぐわかります。では、先制攻撃が是認されるべき状態とはあるのでしょうか。それは次の三つの場合でしょう。

①講和条約、休戦協定違反

②テロへの反撃

③人道介入

このうち③の人道介入は、コソボ紛争についてヨーロッパ諸国が介入するにあたり、独仏両国が唱えたものです。人道介入とは、極端な虐殺事件が発生した場合、有為《ゆうい》の諸国が先制攻撃してもよい(すべきだ)というものです。フセインのイラクはこの三つともに該当している印象はありますが、隣国の北朝鮮もあまり変わるところはありません。

戦争が起きるためには、一国が先制攻撃の決心をせねばなりませんが、現在のところ、イスラム教と共産主義は、原理として先制攻撃を容認しています。またこの二つに限らず、議会制民主主義がなく、公開の討論によることなく独裁者の思いつきで先制攻撃が可能な国は多数に上ります。

これらの国家の国境は重武装した国境警備隊によりパトロールされ、地雷が敷かれ、鉄条網と監視塔が遮っています。緊張がなくなったとはいえません。これら独裁国家の変革は見守るしかなく、独裁者の先制攻撃やテロを防止するためには、同害報復も含む攻撃力をもつ軍事力が必要です。

88 今後、大きな戦争が起きるとすればどこか

大きな戦争を、大国同士が争う大戦争や世界戦争とは異なり、大国と小国、小国と小国の戦争で、比較的規模の大きいもの、と定義してみます。すると、大きな戦争はどこででも起きるでしょうか。

二〇世紀に、大戦争は三つしかありません。数量、兵器、方法が拮抗した対称的な戦争は三回しかおきなかったのです。日露戦争、第一次大戦と第二次大戦です。このうち第二次大戦は、三回のフェーズに分かれています。すなわちドイツによるポーランド侵攻、同じくドイツのバルバロッサ作戦の発動によるソ連侵攻、および日本の真珠湾攻撃です。

日露戦争は、ロシア軍による朝鮮領内龍巌浦の砲台設置がきっかけとなりました。それより以前、一八九八年の西・ローゼン協定によって、ロシアと日本は出兵について事前了解事項とすることを約しており、砲台などの軍事施設の構築は協定違反となります。日本がそれの撤収を要求し、ロシアはペテルブルグでの外交交渉を拒絶するなどの応酬をへて、日本が先制攻撃することにより戦争が始まりました。

国際法上は、龍巖浦砲台設置をもってロシアの朝鮮への侵略とみなされます。ロシアは、この一連の外交をもってしてもまだ、日本が戦争決意を固めたと認識できなかったようです。ロシアは、日本の抵抗を受けずに朝鮮を占領できると考えていたふしがあり、冒険的かつ無自覚な軍事外交政策が戦争につながったと考えるべきでしょう。

ドイツのポーランド侵攻およびバルバロッサ作戦の発動は、外交紛争を戦争で決着をつけようとしたもので、古典的な戦争開始です。残る第一次大戦と太平洋戦争は、軍事作戦計画の暴走により引き起こされました。

この三つの大戦争の特徴としては、先制攻撃した（ただし日露戦争は半々）のも軍事作戦を暴走させたのも、ドイツと日本に限られていることです。軍事作戦の暴走は、いわば両国の戦争哲学が問題であり、両国の統帥部が完全に変わった現在、もう一度、同様のことが発生すると考える必要はありません。

今後の問題としては、外交紛争を戦争で解決する可能性がどこで、いつ起きるかが問題です。この場合、G5諸国（日・米・英・仏・独）の間には信頼関係、また啓蒙主義にもとづいた共通の基盤があり、アメリカを中心としたものですが、同盟関係が成立しているとみてよいでしょう。

つまり大戦争は、G5諸国の間ではまずないと予想されます。G5に属してはいないロシアも大国ですが、領土の面では、ロシアは戦争でこれ以上得るところはない国です。

Ｇ５諸国がロシアを先制攻撃する可能性も、またその逆もありません。反面、ロシアがＧ５諸国と共通の基盤に立っているともいえません。ロシアは国内的にも、自由と人権が保証された国ではないのです。

ロシアの対北朝鮮外交をみると、相変わらず「権力外交」の姿勢で臨んでおり、北朝鮮の国内外における人権問題、テロ問題を批判するよりも、自らの影響力拡大を上位においています。これはとりもなおさず、ロシアにＧ５クラブの入会資格がないことを意味しています。

地域大国である中国はいまだ共産主義を棄てず、一党独裁を堅持しています。第二次大戦後、中国の好戦性は際立っており、国境を接するすべての国と、いつ戦争を起こしても不思議ではありません。

大きな戦争を考える場合、ロシアと中国が第一の交戦国候補であり、したがって極東が戦場となる公算は強いとみなければなりません。すべての国が共通の基盤に立つことは困難で、日本がそれに向けて努力すること自体が内政干渉につながりかねません。日本が中国共産政権の打倒を図る必要はありません。平和とは軍事的緊張の中にあるものであって、巧みな外交とそれを支える軍事力がその保障です。

第10章　現代世界の火薬庫

89 アフガニスタンで戦争が止むことがあるか

現代アフガニスタンは一七四七年、アハメドカーン・ドュラニ（パシュト語で真珠の時代の意味）がロヤ・ジルガ（円座大会議）で首長に推戴され、ドュラニ王朝を創始したことにより出発したといってよいでしょう。その時からパシュトュ語（アフガニスタンの公用語である）、ウズベク語、ダリー語などが使用されており、多言語国家、多民族国家でもありました。この三つの言語はいずれもペルシャ語と近親関係にあり、ある程度、相互の意思疎通が可能です。

一九世紀以降、アフガニスタンは戦争の連続でした。欧米諸国との戦争だけをとってみても、第一次～三次アフガン戦争、アフガニスタン戦争（一九七九～八八）、アフガニスタン戡定戦争（二〇〇二～）と引き続いています。

それでもアフガニスタンは第一次大戦や第二次大戦の戦禍を免れ、「中央アジアのオアシス」と呼ばれ、首都カブールはイギリス風家屋が建ち並ぶ美しい高原都市でした。アフガニスタンを現在のような破壊の爪痕だけの巷にしたのは、じつはアフガン戦争の相手のイギリス人でも、国際共産主義を防衛すると称して介入したロシア人でもありません。破壊者はイスラム原理主義者であり、そのかなりの部分は外国人でした。

往古においても、アフガニスタンを統治したドゥラニ王朝は中央アジア一帯を移動するキャラバン商人（隊商）の出身であり、定住した農民やバザール商人ではありませんでした。武装した数百人を連れたキャラバン商人は、主要都市を制することができたのです。

彼らはごく少数でしたが、情報収集と伝達能力において優れていました。こうしてドュラニ王朝はオスマン帝国から「スルタン」の称号を授与されるのに成功し、その信認によって国際的交易——中央アジアからペルシャ湾、地中海に及ぶ貿易を維持しました。

イギリスが王位継承に介入することによって発生した第一次、第二次アフガン戦争があっても、オスマン帝国と友好関係にあったイギリス人と、最後まで争うことはありませんでした。一九〇七年の英露協商により緩衝国の地位が確定すると、国内では憲法が公布されるなど近代化の道を歩みました。

ところがそのあと、アフガニスタンが一貫して友邦として仰いだのはトルコで、戦間期の国際連盟ではすべてトルコと共同歩調をとりました。それでは最近になって、なぜまた少数の外国人に簡単に蹂躙されるようになってしまったのでしょうか。

最大の理由は、その社会構造のためです。アフガニスタンは日本の面積の一・七倍もありますが、平均雨量は五分の一程度しかありません。古来から農法は、カレーズと呼ばれる地下水路を利用したオアシス農業が一般的です。村落の多くは盆地にあり、中心にモスクをおいて一〇〇戸程度で構成されており、小規模なものです。

これはカレーズの規模によって決定されるためですが、アフガニスタンの景観を独特のものにしています。禿山が両側に屹立《きつりつ》する中、峠を越えると突然、緑に囲まれた美しい農地と村落が出現します。そして血族関係をもとにして村落を結合したものが部族です。

アフガニスタンにおけるイスラム教の布教は一一世紀には開始されており、一〇〇〇年近い歴史があり、イスラム教の戒律は社会の隅々に行き渡っています。アフガニスタンの教育は、全面的にイスラム神学校に依存しています。アフガニスタンは農業国家であり、国民の大半は農民です。ところが、灌漑の制約から新規農地の開拓はほぼ不可能なうえ、イスラム法には相続法にあたる部分がなく、兄弟間の土地争いは絶えません。パシュトゥ語で従兄弟という単語は敵を意味します。争いを防ぐため、親は次男以下を都市部にある神学校に預けるのが普通です。

神学校の主な教育は、アラビア語・数学とコーランの暗唱です。これが字を学び、算数をする唯一の機会となります。キャラバン商人に付随する護衛隊や王の維持する常備軍も、だいたいこの神学生から徴募されます。この結果、外国人もなることができる神学校の教師＝イスラム神学者は、武装力の編成という点で非常に大きな力をもつことになります。

しかし、イスラム原理主義が力を持ち出したのは、ソ連撤退以降のここ二〇年ばかりのことです。それより以前、カブールの女性の大半はベールを被らず、学校も官立のものが徐々に立ち上がっていました。

アフガニスタンでは客人を敬い、とりわけ外国人でもイスラム神学者・生徒については、宿泊させ食事を与えることが村人の掟となっています。そのうえ政府からの追及にたいしても、村落をあげて匿《かくま》うのが習慣です。このため、イスラムを隠れ蓑にしたテロ活動を取り締まることは至難といえます。

アフガニスタン戡定戦争後、米軍とNATO軍の駐留が続いています。にもかかわらず、イスラム原理主義者――タリバンやアルカイダ残党の蹶起は絶えません。これはアフガニスタンのいわばノルマであって、常態です。これを変革するには学校・病院をモスク（イスラム寺院）から切り離し、鉄道（アフガニスタンには鉄道がない）や道路網を発展させ、国民の心の中に国土の一体感を育てるという気の長い作業が必要でしょう。

90　イラク戦争の今後の展開

イラクは全くの人工国家に過ぎません。第一次大戦前、イラク、レバント、エジプトをつなげた「肥沃な三日月地帯」はオスマン帝国の支配下にあり、アラビア語を喋る人々が居住していました。戦争が終了するとオスマン帝国は解体され、その地域は英仏間のサイクス＝ピコ協定（第一次大戦中にイギリス外務省下僚サイクスと、フランス外務省の中東担当嘱託ピコとの間でまとまった）によって分割されることになりました。サイクス・ピコ協定の分割線は、現在のシリア・イラク国境を延長した線です。それに収まらない北部のイラク・トルコ国境を誰が決めたかといえば、イギリス人女性ガートルード・ベルです。しかも驚くべきことに、現在のイラクの骨格をつくったのもこの女性です。

一九一九年、戦争が終了すると、旧オスマン帝国の版図は大混乱に陥りました。イラクにおいても同様で、「大イラク革命」と呼ばれる混乱状態が続きました。イギリスは、この地を手に入れたものの、すぐさま異教徒が直接統治することは費用上、不可能なことを悟らざるを得ませんでした。

アラビアのロレンスの副官であり、考古学者でもあったベルは、さまざまな選択肢の中から、マホメットの子孫を自称するハシミテ家の王子を王位につけ、イラク王国を発足させる方法を選びました。そして、当時植民相であったチャーチルの許可をとりつけたのです。戦乱に厭きたイラク民衆は、この独立と王国樹立を熱心に支持し、国民投票では九八％の支持を与えたとの記録が残っています。

新国家樹立と王家の創出という冒険的事業は、一九二一年から一九五八年の三七年の長きにわたって続き、一応成功だったとみなされます。一九五八年以降から現在にいたる五〇年は、独裁と暴力の連続であり、そのクライマックスがサダム・フセインの独裁でした。

一九五八年の軍事クーデターで権力を握ったのはイスラム社会主義を標榜するバース党でした。フセインはこの党の階梯を登って権力の座につきました。イスラム社会主義とは、独裁と官僚支配実行のための口実です。自由や民主主義にもとづく政治体制へのアンチテーゼです。多くのイスラム教国では、社会主義が否定されると必ずイスラム原理主義が忍び寄り、神学者グループによる寡頭制独裁が主張されることになります。

つまり、絶対王制・社会主義独裁・神学者支配が交互に繰り返されるのが、イスラム教国の特徴です。イスラム教国ではイスラム法が支配し、立法と司法が神学者によって支配されるという根本的な欠陥があるためです。これから脱却するためには祭政一致を断ち切り、世俗国家に転換する必要があり、今のところ人口も多く異教徒も抱えるトルコやエジプト、インドネシアがそうなっているだけです。

もちろんアメリカも熱心に世俗国家への転換を追求していますが、成功しているとはいえません。一体なぜでしょうか。イラクの根本問題は、三つあります。第一に、スンニ派があたかも一つの部族のように政治的一体性をもって行動することです。第二に、シーア派は部族社会によって分断され、統一した行動ができないことです。第三に、軍隊がクーデターによる独裁を試み、大半の国民も秩序維持からそれに賛成することです。

以上の結果として、イラク支配者の地位には、王家・軍事政権・フセインと替わっても常にスンニ派出身者がついているのです。なぜ少数派のスンニ派が勝つかといえば、単に政治的訓練ができているだけではなくて、シーア派の教義には世俗国家を受け入れない面もあるためです。

一般のイラク人からみれば、アメリカ軍は一つの軍事・政治勢力にすぎず、仮にいなくなれば、その時の圧倒的な軍事勢力に秩序維持を期待します。つまり、彼らにとっては自ら行使した選挙の結果より、神学生（若者）の政治的暴力と常習的犯罪者を取り締まることができる強力な指導者が望ましいのです。

フセインのあまりに恣意的な独裁的権力行使は、イラク人とりわけシーア派住民に嫌気を起こさせており、当面は部族ごとに存在しているシーア派民兵で構成される国軍支配が、米軍支配にとって代わるでしょう。しかし時間の経過とともに、政治方針をめぐってシーア派は部族対立によって四分五裂し、その間隙をぬって、原理主義的なシーア派神学者が主導権をとる公算があります。そうなると今度は、それに反発するスンニ派独裁者が現れることになるでしょう。

91　北朝鮮は暴発するか

北朝鮮では、独裁権力が金日成から金正日へと父子継承されました。これをもって、金一族をロイヤル・ファミリーとあたかも王族のように呼び、中世の世襲王制のようになぞらえることがありますが、それは完全な誤解です。むしろ二〇世紀の鬼っ子、ソ連型＝レーニン主義的共産主義体制の所産です。

ソ連型では「民主」集中制（下級党員は上級に服する）を採用するので、個人独裁がむしろ自然です。北朝鮮は今なおソ連型共産制を維持している国家であり、粗野なスターリン主義国家といってもよいでしょう。ソ連型の一方の特色は厳格な計画経済で、この点で各単位の自主性を認める中国型共産主義とは異なります。

なぜ北朝鮮がソ連型を採用できたかといえば、総督府時代、日本から相当の投資がおこなわれ、近代的重工業が成立していたためです。計画経済では、中央計画経済委員会が、あらゆる原料・中間製品・最終製品の価格、生産数量・販売先を決定し、生産単位は営業・研究・総務などを省略し、生産のみに集中します。人事についても、学生の就職先を党が決定するのが普通であり、結婚も上級党員の許可が必要です。

こういったやり方によって、資本家階級（経営者と中産階級）を止揚（消滅）すれば、階級闘争がなくなり、政治的対立は消え、各企業は二重投資を避けることもでき、不必要な競争からも免れ、資本主義経済より効率よく発展できる、とマルクスやレーニンは考えました。その前提としては、農業社会ではなく、産業革命が起き、工業社会に到達していなければなりません。

北朝鮮は日本人のつくった工場があったおかげで、不幸なことにロシア人により、ソ連型共産制を押し付けられてしまったのです。これに対する中国型共産制では、各単位のトップつまり会社社長に共産党員が横滑りするだけであって、会社（単位）経営の自立性は喪失されません。

ソ連が崩壊し、東ヨーロッパの衛星国家も同時に共産制を廃止した直接の原因は、その特色である計画経済が機能しなくなったためです。ソ連型共産制では何か計算が狂えば、余剰の中間製品が倉庫に眠ったり、材料が不足して生産がストップすることがよく起きます。さらに競争もなく、各生産単位が研究部門をもたないため、技術革新が不可能です。たとえば北朝鮮製のラジオとは、およそ五〇年前のものと同じです。

もちろん、価格でも性能でも「資本主義国」の製品に太刀打ちできません。ところが、ラジオ部品すなわち中間製品の製造を止めることは、ラジオの生産停止と同様に軍用無線機の製造を止めることにつながります。結局、時代遅れの製品製造を続行するしかなく、資源の有効活用ができません。現在、北朝鮮にある工場の稼働率は二～三割近くまでに落ちていると推定されています。

この研究投資不足の例外が兵器製造です。まず研究員を、国家によってこの分野に配置することができます。兵器は、製品のばらつきがあったり精度が不十分でも通用し、単純な大型化で性能向上を計ることができます。民生用自動車のタイヤが外れれば大事故ですが、ある戦車のキャタピラが外れる事故が起きたところで、実際の戦争では重要ではありません。さらに、外界と孤立した研究集団でもある程度のことができます。共産主義国家の競争力ある輸出品が兵器であるのは、その経済体制からきているのです。

このソ連型から脱却するには、各工場や単位の自主性を向上させねばなりません。それには、研究者・営業マン・経理マン・弁護士を養成し、各単位に配属する必要があります。ところが北朝鮮の外語大学卒業生は、金正日のプライベート・ゴルフ場のキャディーをやらされています。外国語の必要な職場がその程度しかないのでしょう。これはソ連も同じで、いくら外国語が得意でも、職場はスパイ組織のKGBでした。若い年代でこのような職業経験しかなければ、企業において活躍することは不可能です。

中国はしきりに金正日を説得し、「改革・開放経済」への移行を迫っていますが、ソ連型の北朝鮮はそもそも人材がなく、とうてい実施できないでしょう。北朝鮮の弾道ミサイルや核兵器輸出ビジネス、偽造通貨や麻薬・覚醒剤の密輸は、世界中の国の反発を招くはずです。

すると、クーデターによる金正日の除去が期待されるかもしれません。ところが、この軍事クーデターも、共産国家では起きにくいのです。一般に共産国家の軍隊は指揮系統が二つあり、司令官の命令だけでは作戦を発動できません。配属されている政治将校（コミッサール）の承認も必要です。これがため、ソ連でも共産化された東ヨーロッパでも、軍隊はクーデターを起こせませんでした。ただ逆に、大衆デモに対しても軍隊は動こうとせず、あらゆる事態に中立的です。

北朝鮮では、大衆デモは軍隊が出る前に、秘密警察の手によって鎮圧されてしまうでしょう。民衆が組織された治安組織に対抗することは不可能です。

世界中から経済制裁が加えられては、いずれの国家でも存続は困難です。金正日に残された道は「南侵」（三八度線突破または韓国における大規模テロ）という暴発か、自ら亡命する程度しか残されていないでしょう。可能性はなんともいえませんが、ボールが金正日の手に握られていることは確かです。

92　中国による台湾侵攻は可能か

台湾は九州よりやや広く、人口は二三〇〇万人ほどです。ヨーロッパ諸国と比較すれば、人口ではルーマニアに匹敵し、GDP（域内総生産）ではスウェーデンやトルコほどに達しています。しかし日本やアメリカは「国家」とは認めず、中国の一部の地域であると「理解」するとしています。

どうしてこうなったかといえば、アメリカがベトナム戦争終結を急いだあまり、それまでの「台湾が全中国を代表する」という虚構をいきなりかなぐり捨て、「中国（共産政府）が中国大陸と台湾の両方を代表する」という、これまた虚構を採用したためです。

一九七二年、ニクソンとキッシンジャーは日本と相談することなく、この暴挙を決定しました。台湾を中国の一部とすることは、中国による暴力的併合の企て（すなわち戦争）にお墨付きを与えたのと同じです。

一九七九年、アメリカ議会はこれを押し止めるため、米中国交回復とともに、「台湾関係法」を成立させました。この中で、中国が戦争開始に踏み切った場合、大統領に武力行使する権限を賦与、台湾が中国の領土であることを「理解」「尊重」するが、認めてはいないという解釈を採用し、現在にいたっています。

一九七〇年代ではまだ、アメリカ人はソ連を最大の脅威とみなしていて、「敵の敵は味方」という単純な見方から、中国を友邦としたかったのです。ところが、香港回収を実現させた鄧小平が、「一国二制度による台湾との統一が成らなければ、武力行使を辞さない」と発言すると、中国・台湾の間に緊張が走りました。

一九九六年に入ると、中国は威嚇とみられる上陸演習を繰り返し、さらに中距離ミサイルを台湾越しに発射し、八重山諸島附近の海面に着弾させました。すると、アメリカは直ちに、横須賀に配備されていた空母インディペンデンスと中東からは空母ニミッツを台湾海峡に派遣し、ミサイル発射演習の中止に追い込みました。そしてクリントン・橋本（龍太郎）共同宣言が発表され、台湾有事には日米安保条約にもとづいて在日米軍を直ちに投入し、日本はその後方支援にあたることが確認されました。

アメリカはこのときから、中国による台湾の暴力的併合を実際に阻止する方向に舵を切り替えたようにみえます。この原因は、一九九二年のソ連の崩壊です。もはやアメリカは対ソ牽制としての中国を必要としなくなり、日本も同様でした。

一方、中国はこの変化の理由を読み取ることができませんでした。むしろ、日米が台湾併合反対に転じ、結果として台湾併合の最大の障害が日米であると感じ始めました。それまで中国は、ソ連対策から日米安保条約は極東の安定に有益であるとしていたものを、手の平を返すように、日本に破棄を迫るようになりました。

それでは現在、中国は台湾上陸作戦を発動して勝利できるでしょうか。結論からいえば、通常兵器で戦われる前提では不可能です。台湾海空軍は小粒ながらも強力です。現代の空中戦は、自らの機体が発見されれば、撃墜から逃れる術はありません。早期警戒機やレーダー網をもたない中国空軍機は、離陸とほぼ同時に撃墜されてしまう運命を免れません。

仮に奇襲開戦によって、巡航ミサイルをもって台湾の飛行場を叩いたとしても、日本に駐留する米軍機による反撃は避けられません。台湾海峡の制空権をもたずに上陸作戦を強行することは、たんなる愚行です。現代戦では量を質に変えることはできません。台湾の西海岸五カ所、それぞれ幅二キロ程度で第一波一五万人を上陸させるとしても、上陸用舟艇や水陸両用戦車四〇〇〇隻が必要ですが、中国海軍はそのような運用ができる体制になっていません。

たとえ民間使用のジャンクに小火器をもたせた歩兵を乗せることを考えても、制空権・制海権が奪われていては海の藻屑となるだけでしょう。音のうるさい中国の潜水艦は開戦初期で全滅し、中国海軍のもつ旧式機雷を敷設しても短期間で必要水路は掃海されてしまいます。

では、中国が台湾を屈服させる他の手段はあるでしょうか。今、中国政府は「統一」

を妨害しているのは日米両国だと信じ込んでいます。これは前述のように一半の真理があり、もし日米どちらかが中国に屈服すれば（片方が屈服すれば、他方は抵抗する手段がない）、台湾は中国に併合され、チベットと同じ運命になるでしょう。

そして弱い環は、やはり日本ではないでしょうか。たとえば中国軍が、一個大隊一〇〇〇人ほどを乗せた商業汽船を、八重山諸島の与那国島久部良漁港に強行接岸させたらどうなるでしょうか。今、与那国島には警官と海上保安官が数人いるだけであって、一〇〇〇人の中国兵に抗することはできません。日本政府は退去を要求しますが、「『統一』のために無害通行を認めて欲しい」といわれるでしょう。

もちろん、定見のある首相であれば、アメリカに安保条約を発動し、ただちに自衛のための宣戦を布告します。このあと上陸した中国兵を殲滅するため、人質となった島民の犠牲を覚悟したうえで空爆することになるでしょう。当然ですが、これは深刻な決断です。

もし、中国に阿諛《あゆ》追従《ついしょう》するような人物が首相の座にいて、中国兵の上陸にたいして毅然とした決断ができず、「慎重に冷静に事態の推移を見守りたい」といったらどうなるでしょうか。台湾は東西両海岸に脅威をうけ、日本からの米軍支援を期待できないことになります。おそらく、戦わずして台湾政府は屈服するでしょう。

臆病なだけにもかかわらず、ハト派のフリをして口先で平和を唱え、隣国と友好第一を唱える人物が、じつは平和にもっとも危険なのです。もちろん、中国が望む日本の首相とはそのような人物です。

93　中国——この狂気の国

中国は世界最大の人口の一三億人を抱え、また極めて歴史の長い国です。歴代王朝の消長は激しく、つい一〇〇年前までは、人口の大半を占める漢民族ではなく満州人が「清」という国号のもとに統治していました。その長い歴史の中で、日本との交流は驚くほど薄いのです。八九四年、菅原道真が無益であるとして遣唐使を停止して以来、明治に入る一八七一年の日清修好条約締結まで、両国が公的に外交使節を派遣しあうことはありませんでした。

日本と中国の間では、この一千年にわたり中国歴代王朝ごとに戦争がありました。すなわち元寇（元）、秀吉の朝鮮征伐（明）、日清戦争（清）、支那事変（中華民国）であって、秀吉の朝鮮征伐を除いて中国から戦争を仕掛けられたものです。

中華人民共和国の成立以降、日中間で戦争がなかったことは、むしろ珍しい事態と思わねばなりません。しかしこれは、古来からの日本の役割をアメリカが引き受けたためで、朝鮮動乱がその表れです。

日中の軍事外交関係は「過去の一時期の不幸な関係」というより、あるいは長期間の不幸な関係ともいえます。根本的には、日本は政治的により安定しており、経済的には中国を必要としなかったためでしょう。

中国はまた他の国とも、この不幸な関係を同じように抱えています。中華人民共和国は一九四八年の建国以来、金門島戦争・中緬戦争・チベット侵攻・朝鮮動乱・インドシナ戦争・ベトナム戦争・中印戦争・ダマンスキー島事件・中越戦争の九つの戦争に加わりました。その全部が中国による侵略戦争です。今でも、西沙諸島・南沙諸島に海軍基地を設営し、南シナ海や東シナ海の公海上に石油・ガス掘削基地を設けています。戦後になって中国ほど侵略戦争を実行した国はなく、公海上の係争区域で相手国の了解を得ずに天然資源の開発を強行した国は中国以外にありません。第二次大戦後、中国ほど狂気の侵略を繰り返している国はないのです。

現在、中国をとりまく国々はその膨張主義に脅えており、陰で日本やアメリカに牽制を依頼しているのが実情であって、日本がアジア諸国に嫌悪されているという一部マスコミによる報道は虚報というべきでしょう。

中国の侵略的好戦的傾向は中華思想によって裏打ちされています。この思想は儒教原理主義の一部で、中国を「華」、周辺諸国を「夷」とみなすもので、周辺諸国のうち、かつて一度でも朝貢したり統治下に入ったことのある地域はすべて中国の侵略の対象になるという考え方です。現在の中国政府は、清の版図にすら含まれなかったチベット侵攻について、「一度だけ元（蒙古人のたてた帝国）に支配されたことがあるからだ」と説明しています。

問題は、この膨張主義だけではありません。占領したチベットや新疆において中国政府はエスニック・クレンジング（民族浄化）政策を実行し、漢民族による植民や先住民文化の破壊を実行しています。

こういった蛮行の背景には、内政失敗と過剰人口への恐怖があります。ところが中国政府は、こういった懸念が払拭されつつあるかのように、一人当たりGDP（国民総所得）が一九九〇年の三二〇ドルから二〇〇四年の一四九〇ドルまで大幅に伸張した、高度成長を成し遂げつつある、と発表しています。

あるアメリカ人は、「上海はニューヨークだが、それ以外はアフリカだ」といっています。今でも中国は、農村人口が全体の七割を占めます。ところが、産業革命を経た国の農村人口が三割を超えることはありません。産業革命とは、たんに農民が工場労働者になるだけではなく、都市に出て弁護士や営業マンになることでもあります。

ところが中国政府は農民に「農村戸籍」を強制し、都市居住を制限しているのです。この一五年間、都市人口は微増しているに過ぎません。仮に国民全体の収入が五倍になるためには、三割に過ぎない都市人口の収入は一五倍にも達する必要があります。これが不可能であることは自明でしょう。農民人口が減少していないことは、この一〇年に農業生産性が向上していないことの証明であるからです。

果たして中国は魔法を使って、産業革命や人口の都市集中なしで高度成長を成し遂げたのでしょうか。答えは否定的にならざるを得ません。中国人は他の人類に比べて特別ではありません。おそらく以前にもあったように、中央政府はノルマ割当をこなす地方政府の、「上に政策あれば下に対策あり」にのっとった偽の集計数字をつかみ、実情を知りながら粉飾発表を続けているのでしょう。

中国の問題は、こういった統計数字が信用できないばかりでなく、政府予算も発表されておらず、政策決定過程も不明なことです。それが共産主義といえばまさにその通りであって、それ自体が経済発展を妨げているのです。

外交方針や軍事予算が議会で討論され、反対意見がマスメディアで発表されていれば周辺諸国への脅威はかなり減少しますが、それがおこなわれる公算はありません。自由な企業間競争がなければ、そもそも経済発展は難しく、官営産業革命を成功させた国はありません。帝政ロシアや北朝鮮では産業革命が起きていたのですが、共産主義を採用したことにより発展が止まったのです。

つまり中国を経済発展させ、他国への脅威を取り除くには、共産主義から啓蒙主義への転換が必要です。しかも、民主主義には適切な地域的単位が必要です。中国の人口一三億人は、一つの民主主義の単位としては大きすぎるのではないでしょうか。

中国政府は国内の人権抑圧について問われると、逆上したように一九世紀の阿片戦争や北清事変などの「歴史問題」を声高に叫び、内政干渉だといいます。けれども、人権問題を理由に中国に軍事力行使を考えている国はありません。たんにヒマラヤを越えてインドに逃げるチベット難民を射殺してはならないといっているだけであって、それをいう自由が中国にないことを指摘しているだけです。それにたいして歴史問題を持ちだすのは、何の回答にもなっていません。

長年の排外主義教育によって、中国人の意識が民族主義＝レーシズムに傾いているのは事実です。日本人が友好をいくら叫んでも、日本人が中国人に好かれるようには絶対にならないことにも気づくべきでしょう。

あとがき

日本が一番近い過去に、他国から侵略（計画をもって、他国から第一撃をうたれること）されたのはいつでしょうか。

それは一九三七年八月一三日、上海において、蔣介石直属の八八師が上海の帝国海軍陸戦隊（上陸《しゃんりく》）本部を攻撃したときです。この時、蔣介石は動員・集中・開進・作戦までの明確な戦争計画をもっていました。直前の七月七日、盧溝橋で誰が鉄砲を撃とうが、戦争とは直接関係ありません。なぜならば、そこに作戦計画がないからです。

ところが大多数の日本人は、この戦争が軍部によって、または重臣層、支配層など得体の知れない力の複合作用によって始まったと解釈しています。これは、戦争についての理解に混乱をもたらします。

学校教育によって、そのように教えられているわけですが、日本人以外はそのように思っていません。東京裁判でも満州事変や太平洋戦争の開始は訴因《そいん》となっていますが、支那事変はそうではありません。日本の教科書と異なり、連合軍も支那事変の開戦原因は蔣介石にあり、とみなしていたわけです。中国人は現在でも、この攻撃を記念して、支那事変のうち上海から南京までの戦いを八・一三淞滬抗日戦と呼んでいます。

蔣介石の国府軍は、地方軍と呼ばれた軍閥軍、官軍と呼ばれた直系軍あわせて三〇〇万人の兵員がありました。ところが、この当時、帝国陸軍の常備兵力は三〇万人ほどにすぎませんでした。この比較が、蔣介石をして隠微《いんび》な計算をさせたことは疑いありません。

この陸上における軍事力格差は、現在も変わりありません。人民解放軍は二五〇万人の兵力をもちますが、陸上自衛隊は一八万人ほどです。もちろん、帝国海軍は圧倒的でした。三〇〇万人どころか、中国兵一〇〇人も日本本土には上陸できなかったでしょう。にもかかわらず、帝国海軍は抑止力とならなかったわけです。

では、なぜ日本は太平洋戦争終了後、中国から侵略をうけなかったのでしょうか。これは台湾と韓国が緩衝《かんしょう》国家《こっか》として機能し、日米軍事条約が存在したからです。蔣介石が攻撃してきたときは、無条約時代で、かつ国際連盟からも脱退した時期にあたっていました。支那事変と太平洋戦争の開始には関連があります。

そうだとするなら、もし太平洋戦争後、日本がアメリカとの条約を破棄し、中立もしくは中ソと同盟を組んだならばどうなっていたでしょうか。韓国や台湾の安全保障は重大な脅威にさらされたことでしょう。背後や側面を仮想敵国で囲まれ、アメリカは一万五〇〇〇キロの大洋を隔てています。たとえば北朝鮮が再度南進を企てた場合、韓国やアメリカは日本に対しどのような軍事方針をとるでしょうか。

ある程度以上の国が独自外交や主体的な外交をおこなうことは、いわば戦争を覚悟することです。反面、たとえばシンガポールやマレーシアのような小国はいくらでも独自外交ができます。何かを話したところで、どの国も影響をうけないからです。

それでは今回のイラク戦争についてどう考えるべきでしょうか。戦争原因については、はっきりしています。イラク戦争はアメリカが第一撃をうつことにより始まりました。アメリカの侵略です。

金日成の朝鮮動乱や鄧小平の中越戦争と、ブッシュのイラク戦争が違うのは、「人道的介入」「テロへの反撃」の要素があることです。金日成や鄧小平は「朝鮮統一」「教訓を与える」ため戦争を始めたのであって、「人道的介入」などの要素はありません。

侵略者への反撃ができないとすれば、世界は侵略行為＝戦争で満たされます。テロへの反撃も同様です。人道的介入は、悪逆非道な統治を内政とみなさず、解決しようということです。

サダム・フセインのイラクが「かつて侵略戦争を実行し」「テロリストを匿《かくま》い」「悪逆非道に統治した」ことは否定できません。つまり問題は、アメリカの侵略がこの後者二つを理由に、国際法上許されるかという点です。

国際連合は関係ありません。アフリカの聞いたことがないような国がキャスティング・ボートを握る安全保障理事会は意味をもちません。さらに、中国が常任理事国をやっています。この国は台湾の武力統一を公言している国です。しかも、国連加盟後も理由のない侵略戦争をやっており、安全保障問題に口を挟む資格はありません。安全保障理事会、さらに国連は機能するようにできていません。

結論をいえば、「人道的介入」「テロへの反撃」は程度問題です。つまり、解決のためのコスト＝戦争のコストが許容できるかという点です。ただ、アメリカはラムズフェルド戦略の採用により、コストが下がっています。

この戦争のコストが下がっているという点に一番敏感に気づいたのがフランスでした。フランスは「戦争を国策としない」、すなわち「外交紛争を戦争で解決しない」という近代国際法のもととなったロカルノ条約をドイツと結び、次にケロッグ＝ブリアン条約をアメリカと結んだ国で、いわば提唱者です。戦争のコストが下がったことにより、原則が揺らぐことを恐れました。

一方、ドイツの政権政党SPD（ドイツ社会民主党）は「平和主義」が党是《とうぜ》であって、日本の旧社会党と似た立場をとっています。このため同床異夢ながらフランスに賛成しました。そして、ロシアは「力の外交」の信奉者ですから、ただアメリカ反対のために仏独に与《くみ》しました。

G5（日・米・英・仏・独）プラスロシアの中では、日英はアメリカに賛成しました。

日英の賛成の主旨は、アメリカを孤立させるべきではなく、G5として結束を保つべきだという点にありました。そして、イラク戦争の外交で世界が注目したのは、このG5プラスロシアの決定のみでした。

イラク戦争自体は必ずしも重要ではなく、「ならずもの国家」の一つが倒れたにすぎません。ただ、イラク戦争の外交は、今後の世界の外交のあり方、または世界そのものを決定する可能性があります。ある大国が小国に対し「人道的介入」「テロへの反撃」による戦争を決心したとして、他の大国が、それを止めるため武力介入する時代は去りました。

それでも、イラク戦争で日英ともにアメリカに反対し、なおアメリカが開戦したならば、という設問は残ります。この設問は、今後の「危機」においても繰り返されることになるでしょう。

G5プラスロシアという顔ぶれは、オーストリア＝ハンガリーを除いて第一次大戦前の「列強」の顔ぶれと変化がありません。日本が極東のみの安全保障を考え、大東亜共栄圏を構想し、欧米諸国の介入を恐れるといった時代は、とうに終了しています。すでに政治家は、世界の中の日本、世界史の中の日本史に気づいていますが、国民も極東の辺境意識を棄てねばならないのでしょう。

本書をまとめるにあたって、貴重なご示唆をいただいた軍師兵頭二十八氏、さまざまな点でご教授いただいた遠藤宏信さん、江藤真一さん、そして最後に並木書房編集部に篤く感謝申し上げます。

二〇〇四年一一月

別宮暖朗

文庫版へのあとがき

第一次大戦のときの連合軍総司令官兼フランス軍参謀総長のフェルディナン・フォシュは、「戦闘に勝って味方を得ようが、外交によって味方を得ようが、それは同じことだ」といいました。

アメリカの遅ればせながらの参戦が連合軍勝利の決定的要因になったことからすれば、フォシュの発言には実感がこもっています。軍事（戦争）と政治（外交）を切ることはできません。アメリカから二〇〇万の援軍を得たとき、フランスはいかばかり力づけられ、ドイツがいかに意気消沈したかは、容易に想像できます。

一方、フランス軍総司令官でありフォシュとしばしば対立したアンリ・ペタンは、「私の信頼するものは愛と歩兵だ」と回想録に書いています。ベルダンでドイツ軍の猛攻にあい、兵士と寝食をともにしたペタンにとって、堡塁に立て籠もり、最後の一兵まで戦うフランス歩兵しか信頼できるものはありませんでした。そのあとペタンは歩兵の新戦術「縦深防禦」を策案し、その力で西部戦線に並ぶ四〇〇万ドイツ軍を撃破しました。

ところが、ペタンは第二次大戦では敗者の役割を演じ、ヒトラーに屈した人物でもありました。フォシュはイギリス、アメリカそしてイタリアの政治家や将軍と良好な関係を築きましたが、ペタンはそれには失敗しています。他の連合国からみれば、第二次大戦のペタンはフランスしか考えることができない敗北主義者でした。

今、パリには、凱旋門からブーローニュの森へとアベニュー・フォシュが延びていますが、ペタンの名は街路名のどこにもなく、本人の希望——「ベルダンで戦ったフランス軍無名戦士の墓に合葬してほしい」との希望も果たされませんでした。

いくら良い「作戦」を組み立てても、いくら勇敢な兵士と優秀な兵器があっても、あまりにも強力な敵にたいしては戦争で勝つことができません。すると、強力な仮想敵国がある場合、戦う手段はなく、平時から降伏する準備をすべきという考えに陥ります。

これは戦後長らく最大野党の位置をしめた日本社会党の立場でした。第九代委員長であった石橋政嗣の、「降伏した方がよいときもある」との発言は、敗北主義者としての本領もさることながら、強力な敵にあたったときの「外交」が欠落しています。

つまり、戦争の際は「自分のこと」だけを考えては勝利できません。そして一九四一年七月にも、石橋やペタンとは結論では対極ですが、同じ発想＝外交無視の日本海軍の参謀将校が、「英米一体論」を要路に説いてまわりました。それは日本の国策の根拠となり、真珠湾奇襲による開戦が決定されました。

このとき、海軍の軍人は陸軍の主張する南進論＝「イギリスだけと開戦し、シンガポール要塞を攻略する」に反論し、イギリスとアメリカはアングロサクソン人種で共通しており、もしイギリスを攻撃すれば、アメリカはイギリスへの同情から日本を攻撃するに違いない、と説いたのです。

さらに、このときすでにヒトラーは独ソ戦を開始しており、日本にシベリア攻撃、すなわち東西二正面作戦を要請しており、日本が新たにアメリカと戦端を開くことは、ドイツの希望にも反していました。

そして重大なことですが、ある国を先制攻撃すれば、必ず反撃され、敵になります。またこのとき、日本はすでに中国と戦争状態にあり、本当は味方を増やさねばならない立場にありました。

ところが英米一体論は英米同時攻撃論ですから、二つの強力な敵を増やしてしまうのです。これは致命的な失策です。自国の防衛には協調＝外交は必須であり、平時における友好国・同盟国とは、互いに歴史的・地勢的位置をよく検討し、共通の意識（人権尊重・自由・民主など）を長い間かけて醸成するしかありません。これが一九四一年の日本人には欠落していました。

現在の日本にとっての同盟国はアメリカです。ですが、同盟国が自国にとって不利益な行動をとる事態はよく発生します。ドイツがソ連を侵略したときと同様に、イラク戦争は、国際法からみればアメリカの侵略とみるべきでしょう。当時のソ連国内は非人道的な状態にあり、フセイン治下のイラクも同様です。

フランスのドビルパン外相は、「古いヨーロッパの話も聞いて欲しい」といい、アメリカを止めに入りました。日本はG5諸国の分裂を恐れる立場をとり、アメリカに賛成しました。これはフランスのとった立場よりも困難な決断であった可能性があります。

政治家にとり、集団安全保障からの離脱は常に誘惑です。「フリーハンド」「新秩序」「新航路」「独自外交」は有権者の人気取りの簡単な方法なのです。そして今でも、アメリカと距離をおき中国に接近し「日米中」三角同盟を模索すべきだとの声は有力です。加藤紘一元自民党幹事長の「日本はアジアのリーダーにならねばならない」もこれに沿っています。ですが、ドイツがヨーロッパのリーダーでないように、日本もアジアのリーダーではありません。一九四一年の失敗を二度と繰り返してはならないでしょう。

なお本書の刊行は、筑摩書房編集部の湯原法史氏のお世話によるもので、そのご尽力に篤くお礼を申し上げます。

解説　空虚な感傷から離れる方法

住川　碧

戦後生まれの私でも、太平洋戦争の重みはいまだにズシンと心にかかっている。戦後六〇年が過ぎても、戦争の悲惨さと過酷さの記憶は、私のなかでは色あせることがない。いつもは意識の底の深いところに追いやられているように見えて、何かの拍子に生々しい感情が不意に湧き出てくることがある。

たとえば昨年（二〇〇六）の一二月八日、ある新聞の開戦を回顧した記事の中に、被爆直後の八月九日、長崎で撮影された写真が掲載されていた。被爆した母子が、救護所で治療の順番を待っているところだという。頬に傷を負った母親が胸をはだけ、やはり顔に怪我をしている幼子に乳を含ませている写真である。

ところが、その赤ん坊はまもなく、やはり被爆した兄の後を追って亡くなった。当時三〇歳だったその若い母、田中キヲさんは九一歳まで生きた。彼女は生前に、「……なんで半世紀過ぎても戦争がなくならんとですかな……本当に人間はしょうのない生き物だと思いますよ」と語っていたという。

女の視点は大体が、その田中キヲさんの言葉に代表されていると思う。戦地へ駆り出されて行った夫や息子、父や兄弟を失った悲痛は癒されるべくもない。もちろん、いちばん大変だったのは、戦った本人たちに他ならないのだが。壊滅的な打撃を負った日本は、心の底から戦争回避の心情を持っているはずである。

私も、戦争はもう二度とないことを願わずにはいられないのだが、なぜそうはならないのだろう。歴史を少し繙《ひもと》いてみても、残念なことに、これからも戦争はなくならないだろうことを確認させられるだけである。だとするならば、戦争について、まず正確な知識を得るほかない。

こうした問いかけに対して、この本は大きな示唆を与えてくれる。これまでの戦争をつぶさに研究し、勝敗の原因を分析し、そこから今後を予測し、戦争回避の方法を探るヒントとしている。それだけではなく、一九世紀の戦争で使われた銃や兵法、さまざまな中小の戦争から二〇世紀の二つの大きな戦争、さらに国境地帯の確定をめぐる取り合いによる限定的紛争にいたるまで、史実によって経過をたどり、原因と結果が分析されている。その変遷は、そのまま人類の科学、産業、文明の発達に沿っている。

別宮さんの著述は、冷徹に、明確に、避けられなかった戦争の実態を解説する。それは感傷や偽善抜きに語られる。無知なためにデマや情緒的な反応に流されたり、いい子ぶるのをよしましょう、と諭されているような気がした。読み進めるうちに、ベールが次々に剝がされていくような気分になった。

人々が戦争を起こす時、多くは国境侵犯から始まるが、そこに至るまでのさまざまな状況の実態は意外に知られていない。第一次世界大戦は、サラエヴォ事件が引き金となって起きた。ここで著者は「外国によるテロに遭遇した時は、すぐ反応するのが正しい。」と、説く。ただちに外交措置または軍事措置をとるべきだという。

事件から一カ月ももたもたした末に、オーストリアはセルヴィアに宣戦した。このタイミングの遅れが、セルヴィアの友好国ロシアの総動員を誘発した。これに対抗してドイツが参戦し、世界的規模の戦争に拡大した。このときのドイツはシュリーフェン・プランという戦争計画一本やりで暴発した、という。

なかでも、私たちが最も知りたかったのは、第二次世界大戦の日本が、なぜ負けるかもしれない戦いをあえて行ったか、ということだ。この本をきっかけに、いままで目を背けていた太平洋戦争の実態を、つぶさに調べ学びたい、という気持ちになった。なぜなら、この戦争を知らなければ、現在の日本の状況を本当に理解したことにはならない。

そこで別宮さんは、人は何で動くか、を見据える。マルクスの主張するように、果たして明日の給与や食事のためだけで動くのか。肥沃な土地や、豊かな資源を埋蔵した土地や、交通の要所を求めて他国に戦いを挑むのか。それも要因にはなる。しかし、開戦に国民を導こうとする指導者の、自国民向けの大義名分とは別に、自由とか、正義とか祖国愛に突き動かされる場合があるのではないか。

私には戦地に赴き、敗戦後もなかなか帰還できなかった伯父がいた。英語の通訳をしていたせいで、南方で、現地で開かれた戦争裁判などにも協力させられた。様々なことを見聞していたはずだが、あまり多くを語らなかった。その伯父がぽろりと漏らした言葉がある。「アングロ・サクソンは戦場においてとても勇敢だが、それはマイ・ホーム主義のせいだ、といわれている」。

マイ・ホームはそのまま祖国愛に結びつく。それは日本の兵士たちも同じであったと思う。彼らを突き動かしていたのは、妻や子供たちを守ろうという一念だったのではないか。それは愛に他ならなく、領土拡張や給与に促されたのではないのである。

また本書を読むことによって、改めて驚いたことがある。社会主義指導者による大量虐殺事件だけで世界大戦の戦没者を上回る、という指摘である。スターリン、毛沢東、ポルポトらの扇動によって生じた八〇〇〇万人以上もの犠牲者！ それにヒトラーを加えると……。その背後にある無数のかけがえのない人生を思えば、言葉を失う。

偶然、私は一九九〇年から九二年まで、たびたびモスクワに滞在する機会があった。私はその間に、ゴルバチョフの提唱したペレストロイカやグラスノスチによって、七五年にも及ぶ社会主義体制が崩壊して行くプロセスを体験することができた。一九九一年にはまた、休暇で中央アジアの古都ブハラにいたときにクーデタに遭遇した。八月一九日のことである。急いでモスクワに戻ったのだったが、そこで目にしたのは、貴重な愛車をバリケード代わりに使ったり、砂を満載したトラックでそれを補強しようとしている人々の群れだった。彼らを突き動かしていたのは不便な日常生活だけではなく、それも含めた、やはり自由への渇望に他ならなかったと思う。それにしても、人間を大切にするという社会主義の国で作られた製品の品質はひどいものだった。

さらに、限られた情報をもとに判断せざるを得ない私のような立場のものにとっては、別宮さんの「陰謀論」についての議論も興味深いものだった。ダイアナ元皇太子妃の交通事故死は、チャールズ皇太子に指示された英国情報機関によるものではないかとか、真珠湾攻撃は時のルーズベルト米国大統領に誘導されたものではないか、ということなどである。

ごく最近も、別宮さんに質問したくなるような事件が起きた。元ロシア連邦保安局（FSB）のリトビネンコ氏の毒殺は、プーチン大統領の陰謀なのか、ということである。本書を読み終えたあとでは、これまであまり気に留めることもなかった戦争や紛争に関わる新聞やテレビの報道が、きっと新たな姿で浮かび上がってくることだろう。

最後に、やはり唯一の被爆国の国民として、核兵器の恐ろしさについて触れないわけにはゆかない。特に日本海を挟んで一衣帯水の地である北朝鮮の核実験は、私たちを不安にさせずにはおかない。核兵器はひとたび使われるなら、その被害は世代を超えて拡がることを私たちは身に沁みて知っている。

「冷戦」すなわち「国家間の平和」という別宮さんの定義は不気味ですらあるが、残念なことに、それが私たちが精一杯の努力をして保たれる「平和」の中身であることを認めなければならないのである。

本書は二〇〇四年十一月、並木書房から刊行された『軍事のイロハ』を改題し、第10章を増補するとともに、大幅に加筆・訂正した。

ちくま文庫

軍事《ぐんじ》学入門《がくにゅうもん》

二〇〇七年六月　十　日　第一刷発行
二〇〇七年六月二十五日　第二刷発行

著　者　別宮暖朗（べつみや・だんろう）
発行者　菊池明郎
発行所　株式会社　筑摩書房
東京都台東区蔵前二―五―三　〒一一一―八七五五
振替〇〇一六〇―八―四一二三
装幀者　安野光雅
印刷所　三松堂印刷株式会社
製本所　株式会社鈴木製本所

乱丁・落丁本の場合は、左記宛に御送付下さい。
送料小社負担でお取り替えいたします。
ご注文・お問い合わせも左記へお願いします。
筑摩書房サービスセンター
埼玉県さいたま市北区櫛引町二―六〇四　〒三三一―八五〇七
電話番号　〇四八―六五一―〇〇五三

ISBN978-4-480-42341-2　C0131